チャ太郎ドリル
夏休み編

ステップアップノート 小学5年生

もくじ

算数

英語

国語

JN026664

国語は，いちばん後ろのページからはじまるよ!

月　日

1　整数の性質①

答え 8ページ

今から遠足楽しみだね！
バスに乗って行くんだって〜！

1，3，5班はA号車で，
2，4，6班はB号車に乗るんだよ。

1，3，5は2でわりきれないね。
2，4，6は2でわりきれるね。
バスはこのきまりで分かれているのかな？

その通りだぞ！よく分かったのだ。
2でわりきれない整数を**奇数**，
2でわりきれる整数を**偶数**というのだ！
ちなみに，0は偶数だぞ。

1　0から10までの整数を，偶数と奇数に分けて（　）に書きましょう。

偶数（　　　　　　　　　　　　　　　　　　）
奇数（　　　　　　　　　　　　　　　　　　）

2　次の数が，偶数のときは○，奇数のときは×を（　）に書きましょう。

① 16（　　　）
② 27（　　　）
③ 49（　　　）
④ 84（　　　）
⑤ 117（　　　）
⑥ 390（　　　）

算数

月　日

2 整数の性質②

答え 8ページ

たてが 2cm，横が 3cm の長方形の紙を同じ向きにしきつめて，正方形を作ってみよう！

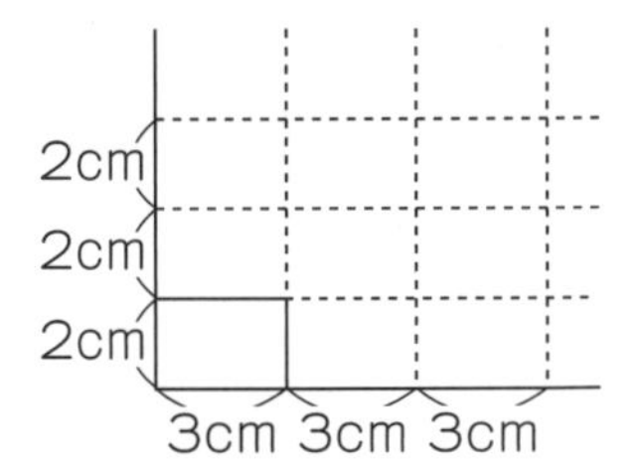

たては，2cm，4cm，6cm，…と増(ふ)えて，横は，3cm，6cm，9cm，…と増(ふ)えていくね！

たてと横の長さが最初に等しくなるのは 6cm だから，1 辺が 6cm の正方形がいちばん小さいね。順番に調べると，次は 1 辺が 12cm の正方形かな？

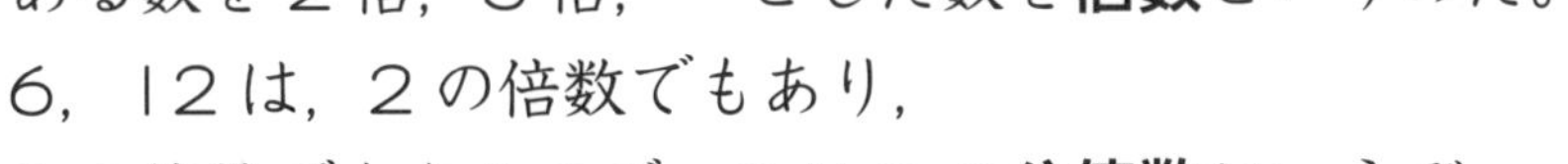

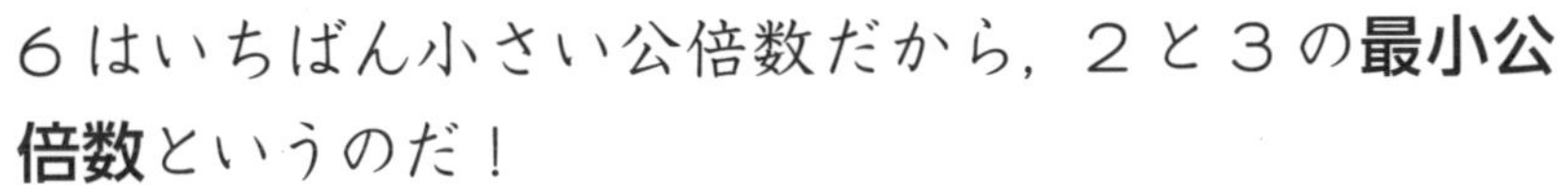

ある数を２倍，３倍，…とした数を**倍数**というのだ。6，12 は，２の倍数でもあり，３の倍数でもあるので，２と３の**公倍数**というぞ。6 はいちばん小さい公倍数だから，２と３の**最小公倍数**というのだ！

1 次の２つの数の公倍数を，小さいほうから３つ書きましょう。

① 2，8　（　　）（　　）（　　）

② 3，4　（　　）（　　）（　　）

③ 6，9　（　　）（　　）（　　）

④ 12，18　（　　）（　　）（　　）

2 次の２つの数の最小公倍数を書きましょう。

① 3，5　（　　）

② 6，8　（　　）

③ 8，12　（　　）

④ 10，14　（　　）

3 整数の性質③

答え 8ページ

かき12個とくり20個をもらったよ。
あまりがでないように，かきとくりをそれぞれ同じ数ずつできるだけ多くの人に分けたいな！　何人に分けられるかな？

分けられる人数をそれぞれ考えよう。
12個のかきは1，2，3，4，6，12人，
20個のくりは1，2，4，5，10，20人だったら，
同じ数ずつあまりがでないように分けられるね。

かきもくりもそれぞれ同じ数ずつ分けたいから，
1人，2人，4人だといいね。
いちばん多くの人に分けられる人数は4人だ！

分けられる数を**約数**というのだ。
1，2，4は，12の約数でもあり，20の約数でもあるから，12と20の**公約数**というぞ。
4はいちばん大きい公約数だから，12と20の**最大公約数**というのだ！

1 次の2つの数の公約数を，すべて書きましょう。

① 15，25　（　　　　）　② 24，32　（　　　　）

③ 14，70　（　　　　）　④ 45，60　（　　　　）

2 次の2つの数の最大公約数を書きましょう。

① 8，20　（　　　）　② 16，24　（　　　）

③ 42，63　（　　　）　④ 48，72　（　　　）

月　日

4 分数と小数①

答え 8ページ

ロールケーキを買ってきたよ！
3人で分けよう！

ロールケーキ1本を3等分するから，
$1 \div 3$ をすればいいんだね。

$1 \div 3$ は小数で表せないから，分数で表そう！
だから，1人分は $\frac{1}{3}$ 本だね。

そうだぞ。わり切れないときは分数で
表すことができるのだ。
では，$3 \div 4$ の商を分数で表してみるのだ！

算数

1 次のわり算の商を分数で表しましょう。

① $3 \div 4$　（　　　）

② $5 \div 9$　（　　　）

③ $11 \div 19$　（　　　）

④ $8 \div 3$　（　　　）

⑤ $14 \div 5$　（　　　）

⑥ $26 \div 31$　（　　　）

2 次の□にあてはまる数を書きましょう。

① $\frac{1}{6} = 1 \div \square$　（　　　）

② $\frac{2}{7} = \square \div 7$　（　　　）

③ $\frac{13}{8} = \square \div 8$　（　　　）

④ $\frac{21}{4} = 21 \div \square$　（　　　）

月　日

5 分数と小数②

答え 8ページ

今日はハロウィンパーティーだね！
みんなでピザを分けよう！

３人で分けるから，１人分は $\frac{1}{3}$ まいだね。

でも，食べるのが大変そうだから，
６等分して２まいずつ分けようよ！
そうすると，１人分は $\frac{2}{6}$ まいだね。

食べるまい数は，$\frac{1}{3}$ まいも $\frac{2}{6}$ まいも同じだぞ。
$\frac{2}{6}$ の分母と分子を同じ数の２でわると，$\frac{1}{3}$ になるのだ。
このように，分母の小さい分数にすることを**約分**というのだ！
分母はできるかぎり小さくするのだぞ。

算数

1 次の分数を約分しましょう。

① $\frac{3}{9}$　（　　　）

② $\frac{4}{16}$　（　　　）

③ $\frac{10}{15}$　（　　　）

④ $\frac{14}{18}$　（　　　）

⑤ $\frac{27}{45}$　（　　　）

⑥ $\frac{21}{49}$　（　　　）

⑦ $\frac{40}{64}$　（　　　）

⑧ $\frac{30}{80}$　（　　　）

⑨ $\frac{12}{60}$　（　　　）

月　日

6 分数と小数③

答え 8ページ

牛にゅうが$\frac{3}{4}$L 残っていて，ジュースが$\frac{4}{5}$L 残っているけど，どちらが多く残っているのかな？

分母の数が同じだと比べられるね！
分母の最小公倍数は，20 だ！

たしか，分母と分子に同じ数をかけても，大きさは変わらなかったから，
$\frac{3}{4}$には 5，$\frac{4}{5}$には 4 をかけてみよう！

$\frac{3}{4}=\frac{15}{20}$，$\frac{4}{5}=\frac{16}{20}$になるから，
ジュースの方が多く残っているのだ。
分母をそろえることを**通分**というのだ！
分母はいちばん小さい数にするのだぞ。

1 次の分数を通分しましょう。

① $\frac{1}{4}$，$\frac{1}{6}$ (　　　　)　② $\frac{2}{3}$，$\frac{1}{5}$ (　　　　)　③ $\frac{3}{7}$，$\frac{1}{3}$ (　　　　)

④ $\frac{1}{6}$，$\frac{4}{9}$ (　　　　)　⑤ $\frac{2}{5}$，$\frac{5}{6}$ (　　　　)　⑥ $\frac{3}{8}$，$\frac{5}{12}$ (　　　　)

2 次の分数のうち，大きいほうを（　）に書きましょう。

① $\frac{4}{9}$，$\frac{7}{18}$ (　　　　)　② $\frac{2}{3}$，$\frac{3}{4}$ (　　　　)　③ $\frac{5}{12}$，$\frac{3}{10}$ (　　　　)

算数

1 整数の性質①

2ページ

1 偶数…0，2，4，6，8，10

奇数…1，3，5，7，9

2 ① ○　② ×

③ ×　④ ○

⑤ ×　⑥ ○

かんがえかた

1 偶数は2でわりきれる整数で，奇数は2でわりきれない整数です。0は偶数なので気をつけましょう。

2 整数の性質②

3ページ

1 ① 8，16，24

② 12，24，36

③ 18，36，54

④ 36，72，108

2 ① 15　② 24

③ 24　④ 70

かんがえかた

2 公倍数の中でいちばん小さい数が最小公倍数です。

3 整数の性質③

4ページ

1 ① 1，5　② 1，2，4，8

③ 1，2，7，14

④ 1，3，5，15

2 ① 4　② 8

③ 21　④ 24

かんがえかた

2 公約数の中でいちばん大きい数が最大公約数です。

4 分数と小数①

5ページ

1 ① $\frac{3}{4}$　② $\frac{5}{9}$　③ $\frac{11}{19}$

④ $\frac{8}{3}$　⑤ $\frac{14}{5}$　⑥ $\frac{26}{31}$

2 ① 6　② 2

③ 13　④ 4

かんがえかた

1 ▲÷●＝$\frac{▲}{●}$で表すことができます。

5 分数と小数②

6ページ

1 ① $\frac{1}{3}$　② $\frac{1}{4}$　③ $\frac{2}{3}$

④ $\frac{7}{9}$　⑤ $\frac{3}{5}$　⑥ $\frac{3}{7}$

⑦ $\frac{5}{8}$　⑧ $\frac{3}{8}$　⑨ $\frac{1}{5}$

かんがえかた

1 分母と分子を同じ数でわることを約分といいます。約分するときは，分母をいちばん小さい数にしましょう。

6 分数と小数③

7ページ

1 ① $\frac{3}{12}$，$\frac{2}{12}$　② $\frac{10}{15}$，$\frac{3}{15}$

③ $\frac{9}{21}$，$\frac{7}{21}$　④ $\frac{3}{18}$，$\frac{8}{18}$

⑤ $\frac{12}{30}$，$\frac{25}{30}$　⑥ $\frac{9}{24}$，$\frac{10}{24}$

2 ① $\frac{4}{9}$　② $\frac{3}{4}$

③ $\frac{5}{12}$

かんがえかた

2 分母がちがう分数の大きさを比べるときは，分数を通分して考えます。

チャ太郎ドリル
夏休み編

ステップアップノート 小学5年生

英語

月　日

1 Can you play tennis?

あなたはテニスをすることができますか。

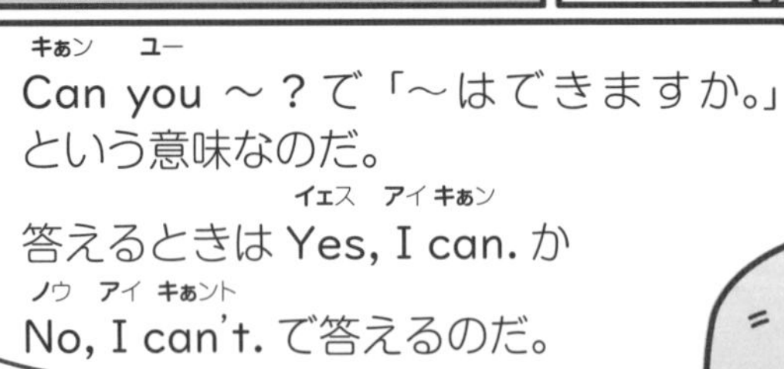

英語

Let's try!

1 次の英文をなぞりましょう。

①

あなたはテニスをすることができますか。

Can you play tennis?

はい，できます。

Yes, I can.

②

あなたは速く走ることができますか。

Can you run fast?

いいえ，できません。

No, I can't.

2 I can play the guitar.
わたしはギターをひくことができます。

Let's try!

1 次の英文をなぞりましょう。

① 
わたしはギターをひくことができます。
I can play the guitar.

② 
わたしはじょうずにサッカーをすることができます。
I can play soccer well.

③ 
かの女はじょうずにピアノをひくことができます。
She can play the piano well.

④ 
かれは速く泳ぐことができます。
He can swim fast.

英語

月　日

3 I can’t cook well.
わたしはじょうずに料理することができません。

英語

Let’s try!

1 次の英文をなぞりましょう。

① わたしはじょうずに料理することができません。

I can’t cook well.

② わたしは一輪車に乗ることができません。

I can’t ride a unicycle.

③ かの女は英語を話すことができません。

She can’t speak English.

④ かれはピアノをひくことができません。

He can’t play the piano.

月　日

4 Who is this?
こちらはだれですか。

Let's try!

1 次の英文をなぞりましょう。

①

こちらはだれですか。

Who is this?

こちらはアヤカです。

This is Ayaka.

②

あちらはだれですか。

Who is that?

あちらはタカシです。

That is Takashi.

英語

□月□日

5 Where is the station?

駅はどこにありますか。

場所をたずねるときは

(ホ)ウェア イズ

Where is ～？を使うのだ。「～はどこにありますか。」という意味だぞ。

英語

Let's try!

1 次の英文をなぞりましょう。

①

駅はどこにありますか。

Where is the station?

まっすぐ行きなさい。

Go straight.

②

図書館はどこにありますか。

Where is the library?

右に曲がりなさい。

Turn right.

6 Where is the bag?
かばんはどこにありますか。

BOOK

(ホ)ウェア イズ ざ ブック
Where is the book?
(本はどこ？)

イッツ アン
「〜の上にあります。」は It's on 〜 .,
イッツ アンダ
「〜の下にあります。」は It's under 〜 .
で表すんだよ！

Let's try!

1 次の英文をなぞりましょう。

①

かばんはどこにありますか。

Where is the bag?

机の上にあります。

It's on the desk.

②

ペンはどこにありますか。

Where is the pen?

いすの下にあります。

It's under the chair.

月　日

7 Where is the book?
本はどこにありますか。

英語

Let's try!

1 次の英文をなぞりましょう。

①

本はどこにありますか。

Where is the book?

かばんの中にあります。

It's in the bag.

②

ぼうしはどこにありますか。

Where is the cap?

ベッドの近くにあります。

It's by the bed.

4 説明文を読む

20ページ

(1) 戦わない

(2) (土の少ない)道ばた

(耕されたり、草取りされる)畑

(順不同)

(3) イ

かんがえかた

(1)「雑草の基本戦略は『戦わないこと』」を手がかりにします。

(2)「強い植物が生えない場所」というのは、雑草が生える場所のことです。

(3)文章の最後に、筆者の主張が書かれています。

5 詩を読む

19ページ

(1) エ

(2) ア

(3) イ

かんがえかた

(1)「さくらんぼ」という言葉をくり返して、リズムを出しています。

(2)「大きな　さくら」にして、楽しみたいと考えています。

(3)「たった一つの」という表現から、大切にしている気持ちが読み取れます。

1 五年生の漢字 23ページ

1
① ウ
② イ
③ ア

2
① まね
② どくがく
③ よりょく

かんがえかた

1 ①「断（ことわ）る」はおくりがなにも注意しましょう。②は「責（せ）める」、③は「営（いとな）む」があてはまります。

2 ②「独」のへんは、てへんではありません。③「余力」は、余（あま）っている力のことです。

2 敬語（けいご） 22ページ

1
① ア
② ウ
③ イ

2
① お話しになる
② お待ちください

かんがえかた

1 ①は「来る」のそんけい語です。②は「もらう」のけんじょう語です。③は「聞く」のけんじょう語です。

2 ①「社長」は目上の人なので、そんけい語の「お話しになる」に直します。「話される」ということもあります。

3 物語文を読む 21ページ

(1) ア
(2) ① 子どもっ
② だんだん
(3) ア

かんがえかた

(1)「はげましてくれたのに」に注目しましょう。

(2)「ぼく」は、お母さんのはげましを「子どもっぽくて、恥（は）ずかしく」思うようになり、「だんだんきらいになった」のです。

(3)はげましをいやがっていることや、「こうちゃんはやめてほしい」から読み取れます。

国語

国語

5 詩を読む

答え 17ページ

月　日

詩って内容がはっきりしなくて、むずかしいよね。

くり返し出てきている言葉に注目してみるのだ。

●次の詩を読んで、あとの問いに答えましょう。

さくらんぼ　高田敏子

1 たった一つの
2 さくらんぼ
3 食べるにおしい
4 さくらんぼ
5 お母さまに　あげましょか
6 それとも胸にさげましょか
7 いいえ　お庭に埋めたなら
8 芽がでて　葉がでて
9 木になって
10 お庭いっぱい花ざかり
11 大きな　さくらになるかしら
12 たった一つの
13 さくらんぼ

(1) 1〜4行目の表現としてふさわしいものを次から一つ選び、記号で答えましょう。〔　　〕

ア ほかのものやことにたとえている。
イ 言葉の順序を入れかえて強調している。
ウ 人でないものを人にたとえている。
エ 同じ言葉をくり返してリズムを出している。

(2) 7〜11行目にこめられている作者の気持ちを次から一つ選び、記号で答えましょう。〔　　〕

ア 大きく成長させてさくらを楽しみたい。
イ たった一つだけではあまりおいしくない。
ウ たくさんのさくらんぼを食べてみたい。
エ さくらんぼをだれかにとられたくない。

(3) この詩の中の「さくらんぼ」の説明としてふさわしいものを次から一つ選び、記号で答えましょう。〔　　〕

ア 役に立たないもの。
イ 大切なたからもの。
ウ 必要のないもの。
エ おいしいもの。

4 説明文を読む

月　日

答え 17ページ

説明文ってどこの部分が大切なのかな。

筆者の意見は、文章の最初か最後に書かれていることが多いぞ。

●次の文章を読んで、あとの問いに答えましょう。

　生き抜く上で、競争に弱いということは、致命的である。雑草は、どのようにして、この①弱点を克服したのだろうか。

　弱い植物である雑草の基本戦略は「戦わないこと」にある。

　強い植物がある場所には生えずに、②強い植物が生えない場所に生えるのである。

　言ってしまえば、競争社会から逃げてきた脱落者だ。

　しかし、私たちの周りにはびこる雑草は、明らかに繁栄している成功者である。

　雑草は勝負を逃げているわけではない。土の少ない道ばたに生えることは、雑草にとっては戦いだし、耕されたり、草取りされる畑に生えることも雑草にとっては戦いだ。確かに、強い植物との競争は避けているけれども、生きるためにちゃんと勝負に挑んでいるのである。どこかでは勝負をしなければならない。ただ、勝負の場所を心得ているのだ。

（稲垣栄洋「雑草はなぜそこに生えているのか」）

(1) ――線①「弱点を克服した」とありますが、雑草はそれをどのように克服したのですか。次の□にあてはまる言葉を文章中から四字でぬき出しましょう。

・□□□□という戦略をとり、克服した。

(2) ――線②「強い植物が生えない場所」とはどこですか。文章中から二つぬき出しましょう。

(3) 筆者の主張としてあてはまるものを次から一つ選び、記号で答えましょう。　〔　〕

ア　雑草は、競争することから逃げ、戦いをまったくせず生きのびている。

イ　雑草は、勝負をしていないわけではなく、勝負する場所を選んでいる。

ウ　雑草は、強い植物と戦うことで自身をより強く成長させている。

国語

3 物語文を読む

国語

月　日

答え 18ページ

物語文を読むときのポイントは？

気持ちやその理由が書かれている部分に注目するのだ！

●次の文章を読んで、あとの問いに答えましょう。

「運動はなんでもそうだけど、一度コツを覚えちゃったら後は楽なの。水泳だって、息つぎができるようになったら、もうスイスイよ。二十メートル泳げたら、次は五十メートル。五十メートル泳げたら、次は百メートル。いくらでも泳げるようになるから。ガンバ、こうちゃん！」

お母さんは右手をグッとあげて笑った。

はげましてくれたのに、ぼくは［　］気分になった。

「ガンバ、こうちゃん！」はお母さんの口ぐせだ。小さいころはそう言われるのが好きで、ぼくも「オー！」と言って右手をあげ、お母さんとハイタッチをした。

でも去年くらいから、だんだんきらいになった。子どもっぽくて、恥（は）ずかしく感じるようになったから。

こうちゃんはやめてほしいと何回も言ったのに、直らない。勇太（ゆうた）のことも「ゆうちゃん」のままだ。

（本田有明（ほんだありあけ）「願いがかなう　ふしぎな日記」）

(1) 文章中の［　］にあてはまるぼくの気持ちを表す言葉を次から一つ選び、記号で答えましょう。（　　）

ア いやな　**イ** ほこらしげな

ウ 楽しい　**エ** 不思議な

(2) ――線「『ガンバ、こうちゃん！』はお母さんの口ぐせだ」とありますが、「ぼく」はこれに対してどのように思っていますか。次の文の［　］にあてはまる言葉を、文章中から①は十三字、②は十一字でさがし、初めの四字をそれぞれぬき出しましょう。

・［①］思うようになり、［②］。

① ［　　　　］

② ［　　　　］

(3) 「ぼく」がお母さんに思っていることとしてあてはまるものを次から一つ選び、記号で答えましょう。（　　）

ア 子どもみたいにあつかうことをやめてほしい。

イ 泳ぎ方をもっとていねいに教えてほしい。

ウ 泳げるようになったことをほめてほしい。

エ 小さいころのようにもっとはげましてほしい。

2 敬語

□月□日

答え 18ページ

先生！今日の朝ごはんは何だったの？

その言葉づかいはよくないよ！「敬語」を使ってみよう。

敬語って……何？

敬語とは……
相手に対して、敬意を表すために使うていねいな言葉づかいのこと。敬語には次の三種類があるのだ！

①そんけい語
- 特別な言葉〔例　おっしゃる（言う）〕
- 「お（ご）～になる」の形〔例　お答えになる〕
- 「～れる（られる）」の形〔例　出発される〕

②けんじょう語
- 特別な言葉〔例　いただく（食べる・もらう）〕
- 「お（ご）～する」の形〔例　ご案内する〕

③ていねい語
- 特別な言葉〔例　ございます〕
- 文末に「です」「ます」をつける〔例　読みます。〕

---

1 次の□に合う敬語をあとから一つずつ選び、記号で答えましょう。

① 発表会にお客様が□。（　　）

② チームのコーチからアドバイスを□。（　　）

③ 先生の放課後の予定を□。（　　）

ア いらっしゃる　**イ** うかがう　**ウ** いただく

2 次の――線の言葉を正しい敬語に直して書きましょう。

① 社長が今日の予定を話す。（　　）

② 先生、待って。（　　）

1 五年生の漢字

国語

月　日

答え 18ページ

これは、きのうの日記だよ。
「○月△日 さかあがりができるようになりました。」

ぜんぶひらがなにするより、「逆上がり」のように漢字を使うと読みやすいんじゃないかな。

「逆」？ この漢字は習っていたかな？

二学期に学習する漢字
- 逆…ギャク・さか・さか(らう) 例 逆上がり
- 比…ヒ・くら(べる) 例 AとBを比べる
- 迷…まよ(う) 例 道に迷う
- 断…ダン・ことわ(る) 例 断言する
- 責…セキ・せ(める) 例 責任をとる
- 永…エイ・なが(い) 例 永遠に続く
- 営…エイ・いとな(む) 例 営業所

1 次の□に合う漢字をあとから一つずつ選び、記号で答えましょう。

① 遊ぶ約束を□。（　　）
② まちがいを□。（　　）
③ ケーキ店を□。（　　）

ア 営む　イ 責める　ウ 断る

2 次の――線の漢字の読みを（　）に書きましょう。

① 招きねこをかざる。（　　）
② 独学で英語を勉強する。（　　）
③ 余力を残して試合が終わる。（　　）

チャ太郎ドリル
夏休み編

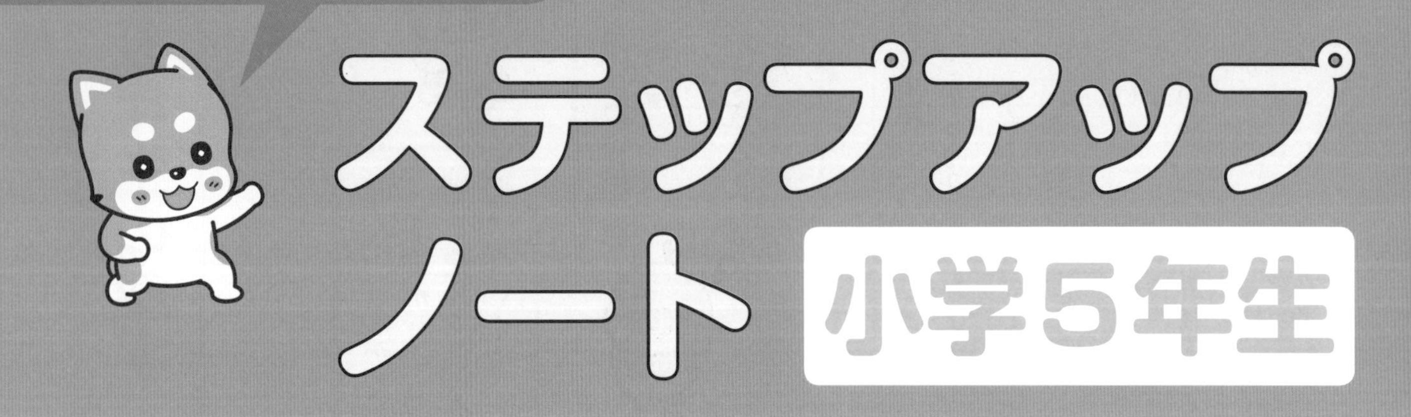

国語は，ここからはじまるよ！

算数と英語は，反対側の
ページからはじまるのだ!

本誌・答え

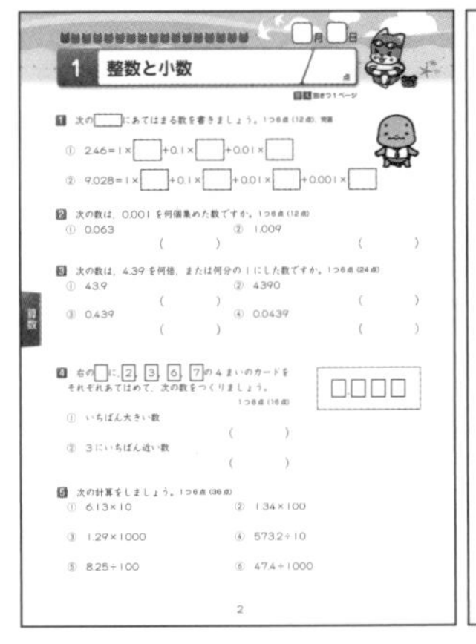

算数は，１学期の確認を14回に分けて行い，最後にまとめ問題を３回分入れています。国語は，１学期の確認を17回に分けて行います。英語は役立つ英語表現を８回に分けて学習し，最後にまとめ問題を３回分入れています。１回分は１ページで，お子様が無理なくやりきることのできる問題数にしています。

ステップアップノート

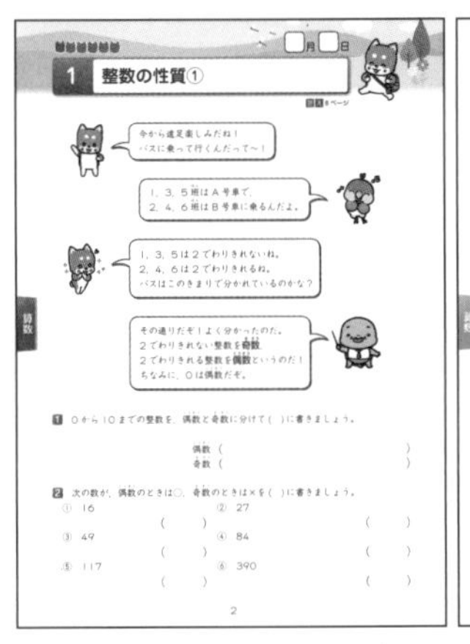

２学期の準備を，算数は６回，国語は５回に分けて行います。英語は役立つ英語表現を７回に分けて学習します。チャ太郎と仲間たちによる楽しい導入で，未習内容でも無理なく取り組めるようにしています。答えは，各教科の最後のページに掲載しています。

特別付録：ポスター「５年生で習う漢字」「英語×日本地図」

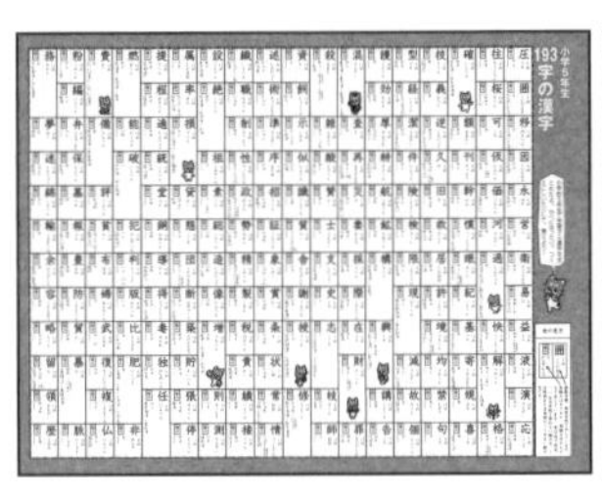

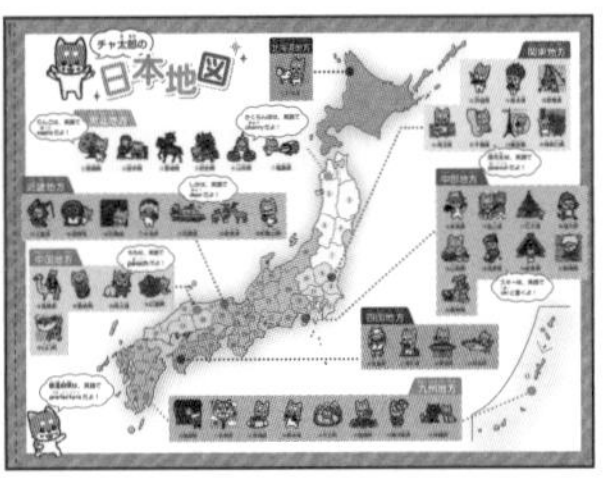

お子様の学習に対する興味・関心を引き出すポスターです。「英語×日本地図」のポスターでは，ところどころに英単語を載せ，楽しく英単語を覚えられるようにしています。

本書の使い方

まず，本誌からはじめましょう。本誌の問題をすべて解き終えたら，ステップアップノートに取り組みましょう。

①算数・国語は１日１回分，英語は２日に１回分の問題に取り組むことを目標にしましょう。

②問題を解いたら，答え合わせをしましょう。「かんがえかた」も必ず読んで，理解を深めましょう。

③答え合わせが終わったら，巻末の「わくわくカレンダー」に，シールを貼りましょう。

チャ太郎ドリル　夏休み編　小学５年生
算数・英語

算数

英語

国語は
反対側のページから
はじまるよ!

チャ太郎ドリル　夏休み編
小学5年生
算数

1 整数と小数

月　日

点

答え 別さつ1ページ

1 次の□にあてはまる数を書きましょう。1つ6点（12点），完答

① 2.46＝1×□＋0.1×□＋0.01×□

② 9.028＝1×□＋0.1×□＋0.01×□＋0.001×□

2 次の数は，0.001 を何個集めた数ですか。1つ6点（12点）

① 0.063　（　　　）

② 1.009　（　　　）

3 次の数は，4.39 を何倍，または何分の 1 にした数ですか。1つ6点（24点）

① 43.9　（　　　）

② 4390　（　　　）

③ 0.439　（　　　）

④ 0.0439　（　　　）

4 右の□に，[2]，[3]，[6]，[7]の4まいのカードをそれぞれあてはめて，次の数をつくりましょう。1つ8点（16点）

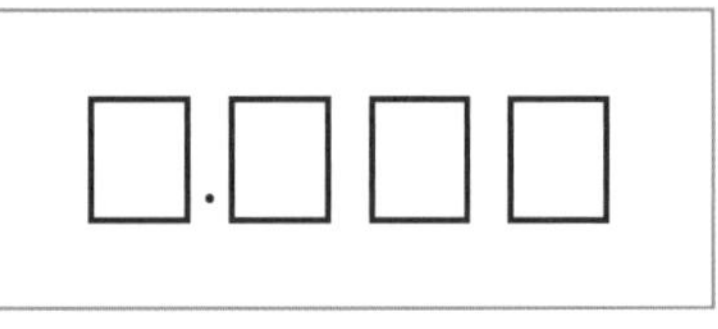

① いちばん大きい数　（　　　）

② 3にいちばん近い数　（　　　）

5 次の計算をしましょう。1つ6点（36点）

① 6.13×10

② 1.34×100

③ 1.29×1000

④ 573.2÷10

⑤ 8.25÷100

⑥ 47.4÷1000

算数

2 体積①

点

答え 別さつ1ページ

1 次の立方体や直方体の体積は何 cm^3 ですか。1つ10点 (20点)

①

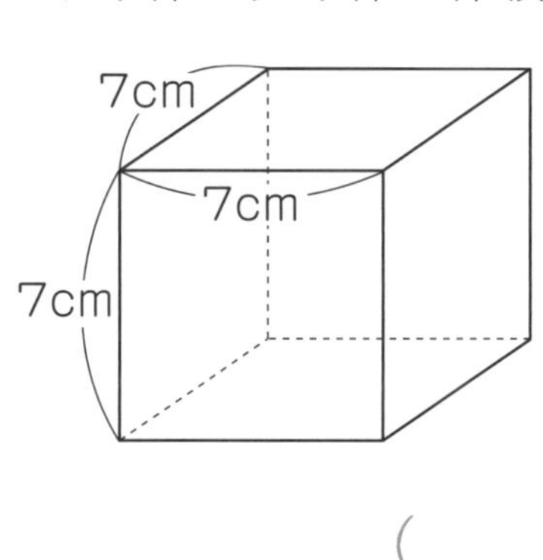

( )

②

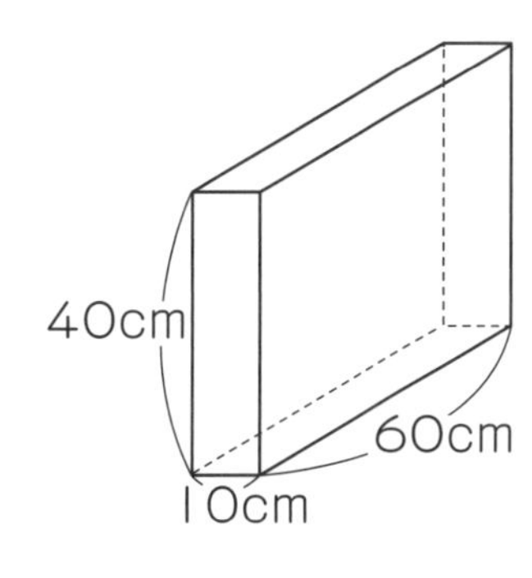

( )

2 次の図は直方体の展開図です。この直方体の体積は何 cm^3 ですか。(20点)

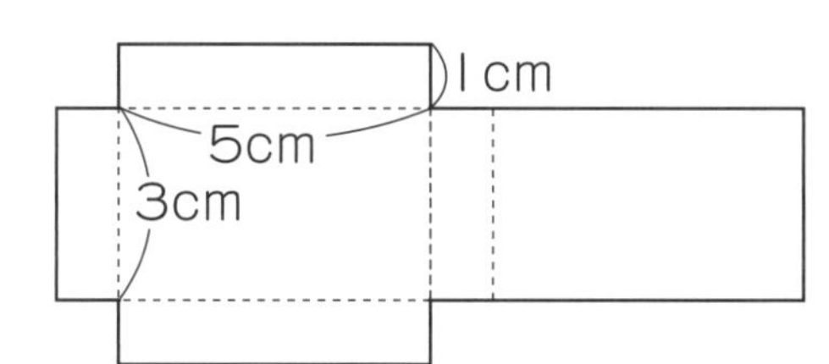

( )

3 次のような形の体積は何 cm^3 ですか。1つ15点 (60点)

①

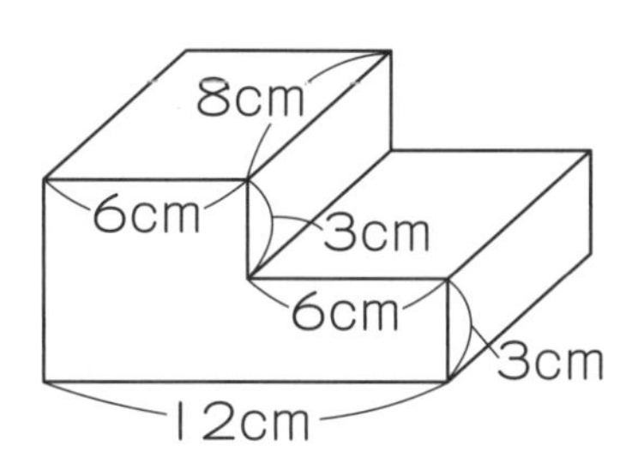

( )

②

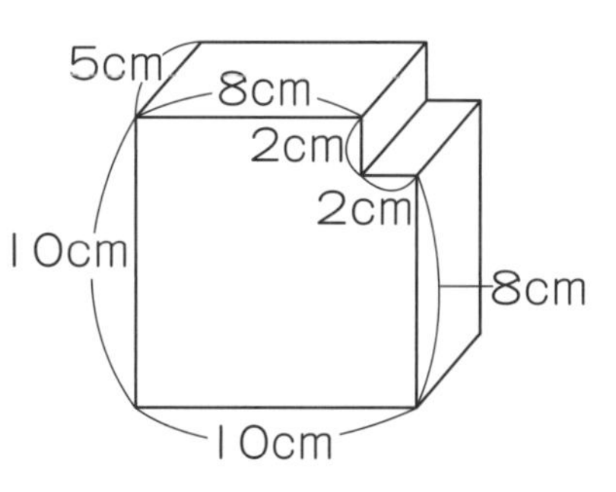

( )

③

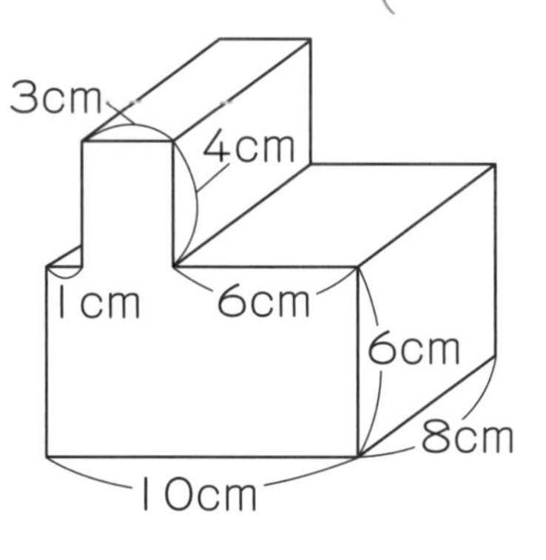

( )

④

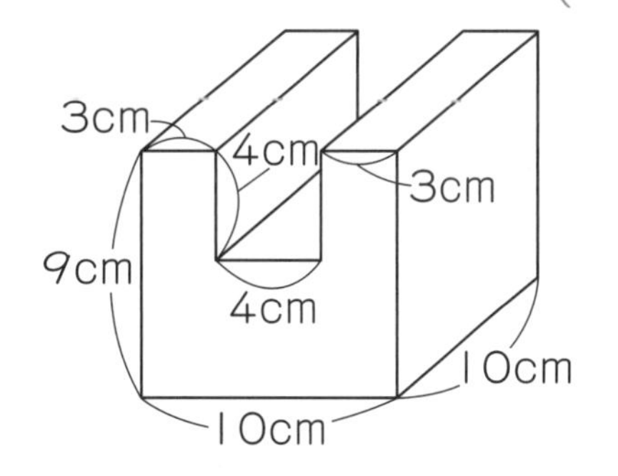

( )

算数

3 体積②

点

答え 別さつ１ページ

1 次の直方体の体積を求めましょう。答えは，［　］の中の単位で表しましょう。

1つ10点（20点）

①

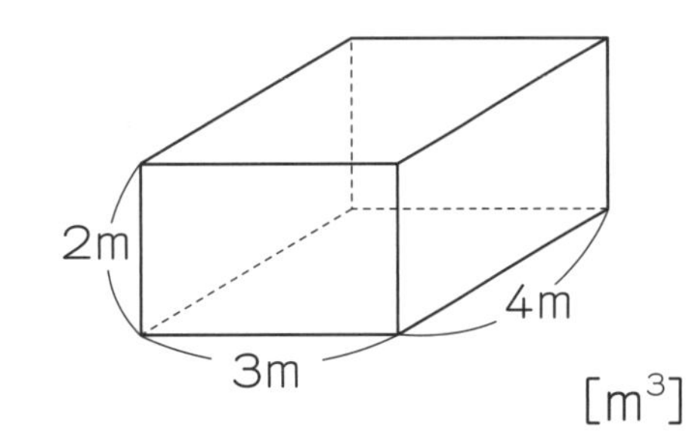

[m³]

（　　　　）

②

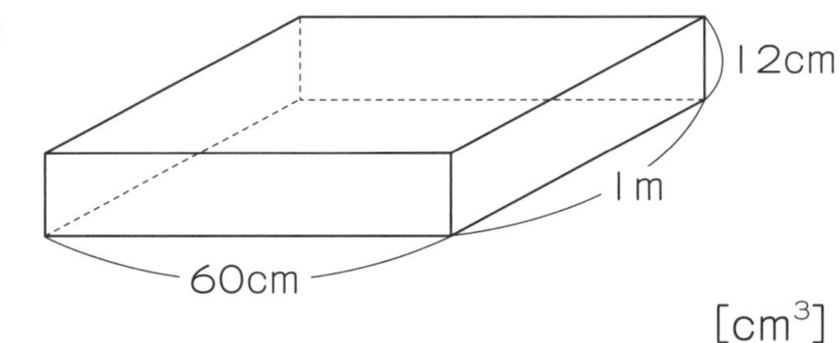

[cm³]

（　　　　）

2 次の□にあてはまる数を書きましょう。1つ10点（30点）

① 1L＝□cm^3　② 100mL＝□cm^3　③ 1m^3＝□cm^3

3 厚さ1cmの板で，次のような直方体の形をした入れ物を作りました。この入れ物に入る水の体積は何cm^3ですか。（25点）

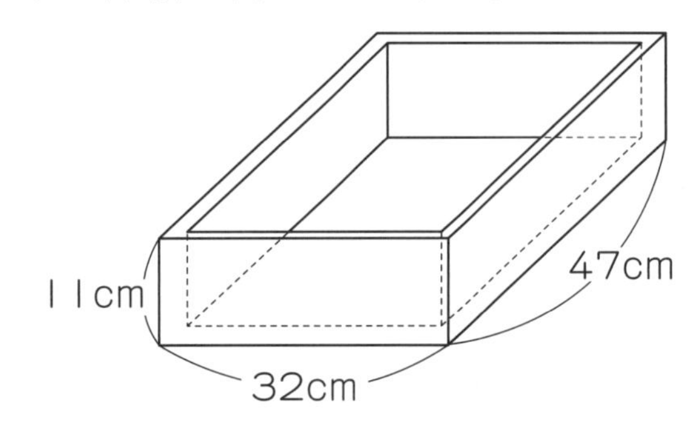

（　　　　）

4 体積が162cm^3の直方体があります。たて6cm，横9cmのときの高さは何cmですか。（25点）

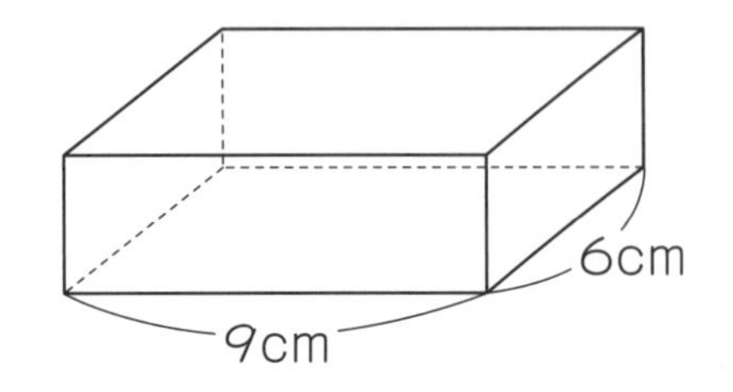

直方体の体積＝たて×横×高さで，
高さだけわからないから…。

（　　　　）

算数

月　日

4 比例

点

答え 別さつ1ページ

1 直方体のたてを4cm，横を3cmと決めて，高さを1cm，2cm，3cm，…と変えていきます。

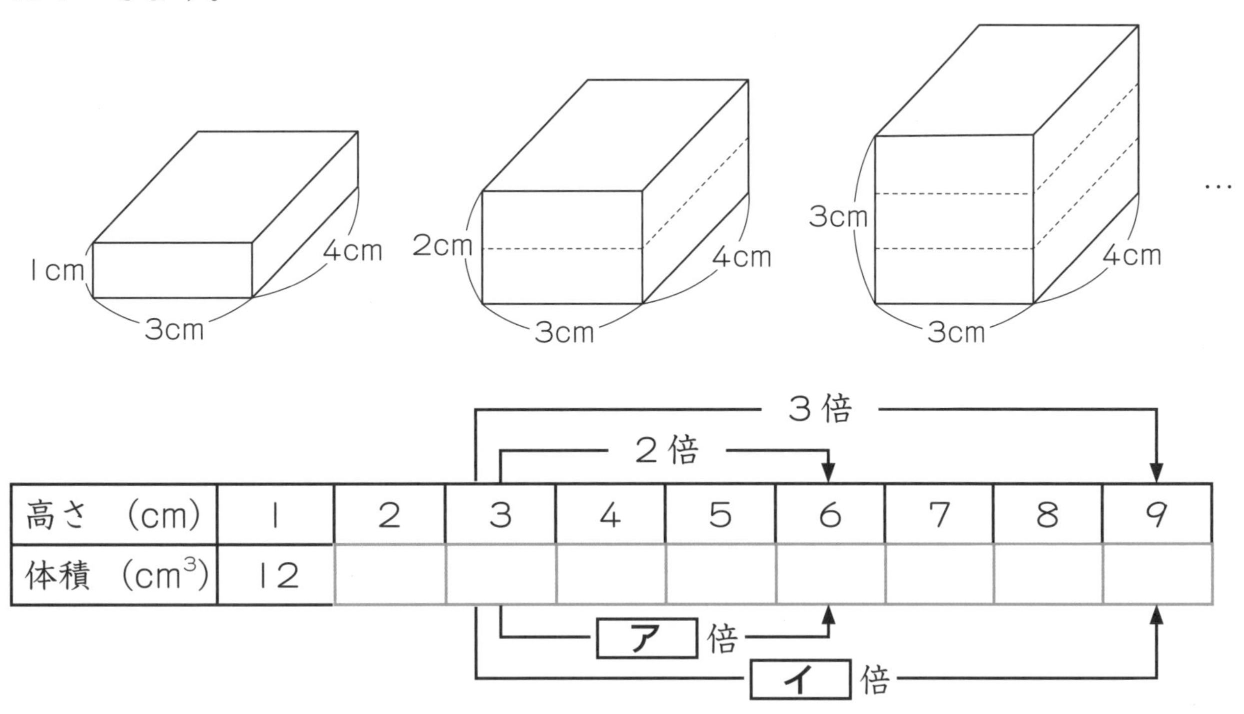

高さ　(cm)	1	2	3	4	5	6	7	8	9
体積　(cm^3)	12								

① 上の表の空らんをうめましょう。1つ4点（32点）

② 上の表の［ア］，［イ］にあてはまる数を書きましょう。1つ9点（18点）

ア（　　　）　イ（　　　）

2 次の表は，ある直方体のたてと横の長さは変えずに，高さを1cm，2cm，3cm，…と変えた結果を表したものです。1つ25点（50点）

高さ (cm)	1	2	3	4	5	6	7	8	9
体積 (cm^3)	15	30	45	60	75	90	105	120	135

① 高さが13cmのとき，体積は何cm^3ですか。

（　　　）

② 体積が300cm^3になるのは，高さが何cmのときですか。

（　　　）

算数

月　日

5　小数のかけ算①

点

答え 別さつ２ページ

1 158×77＝12166 をもとにして，次の積を求めましょう。1つ5点（20点）

① 15.8×77　（　　　）

② 158×7.7　（　　　）

③ 15.8×7.7　（　　　）

④ 1.58×0.77　（　　　）

2 正しい積になるように，小数点をうちましょう。1つ10点（20点）

①
```
   1.9
 × 3.7
 ─────
   1 3 3
   5 7
 ─────
   7 0 3
```

②
```
     4 7.6
 ×     5.8
 ─────────
   3 8 0 8
 2 3 8 0
 ─────────
 2 7 6 0 8
```

3 次の計算をしましょう。1つ10点（60点）

① 4.28 × 3.6

② 7.45 × 6.1

③ 5.14 × 7.9

④ 21.9 × 3.05

⑤ 48 × 5.4

⑥ 911 × 6.7

算数

月　日

6 小数のかけ算②

点

答え 別さつ2ページ

1 次の計算をしましょう。1つ10点（80点）

① 3.4×0.65

② 0.78×9.5

③ 1.6×0.75

④ 0.14×0.27

⑤ 0.61×0.02

⑥ 0.26×0.11

⑦ 0.37×0.86

⑧ 0.79×0.07

0をつけたしたり，消したりするのは，どんなときだったかな？

2 積が9より小さくなるものをすべて選び，記号で答えましょう。（20点），完答

㋐ 9×0.75　　㋑ 9×1.2　　㋒ 9×2.01　　㋓ 9×0.9

（　　　　　）

算数

月　日

7 小数のかけ算③

点

答え 別さつ2ページ

1 次の長方形の面積は何 cm^2 ですか。1つ10点（40点）

①

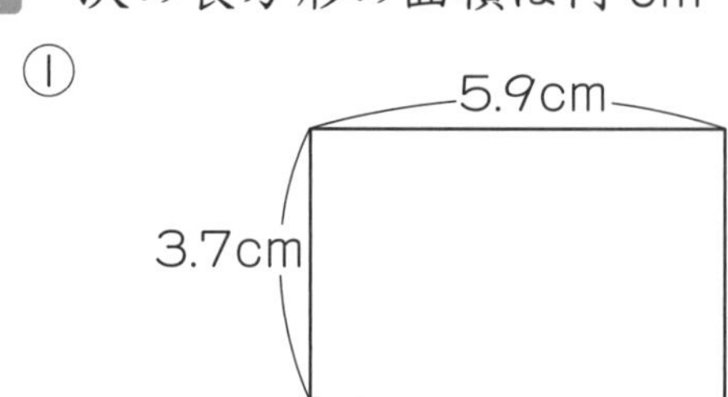

（　　　　）

②

7.2cm
2.9cm

（　　　　）

③

2.5cm
4.3cm

（　　　　）

④

3.3cm
5.4cm

（　　　　）

2 次の直方体の体積を求めましょう。答えは，［　］の中の単位で表しましょう。

1つ20点（40点）

①

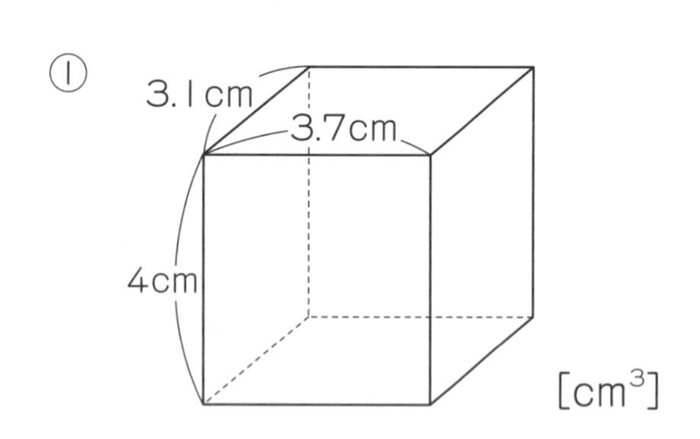

[cm^3]

（　　　　）

②

0.9m
2.1m
0.8m

[m^3]

（　　　　）

3 まさとさんの体重は 34.7kg です。お父さんの体重は，まさとさんの体重の 2.3 倍です。お父さんの体重は何 kg ですか。式10点，答え10点（20点）

[式]

[答え]

算数

8 小数のかけ算④

□月□日　　　点

答え 別さつ2ページ

1 くふうして計算しましょう。1つ10点（20点）

① 8.7×4×2.5　　② 1.6×3.8+3.4×3.8

2 次の□にあてはまる数を書きましょう。1つ10点（20点），完答

① 75.7×4＝(75+□)×4

＝□×4+□×4

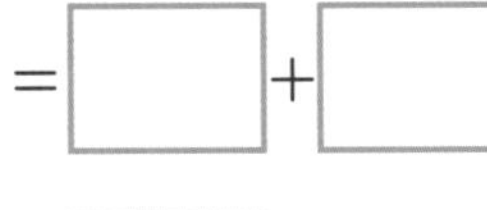

② 29.9×7＝(30−□)×7

＝□×7−□×7

＝□−□

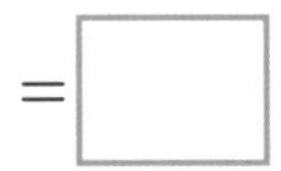

3 白色，赤色，黄色の３本のリボンがあります。白色のリボンの長さは８ｍで，赤色のリボンの長さは１０ｍです。黄色のリボンの長さは，白色のリボンの長さの2.5倍です。式10点，答え10点（60点）

① 赤色のリボンの長さは，白色のリボンの長さの何倍ですか。

[式]

[答え]

② 白色のリボンの長さは，赤色のリボンの長さの何倍ですか。

[式]

[答え]

③ 黄色のリボンの長さは何ｍですか。

[式]

[答え]

算数

月　日

9 小数のわり算①

点

答え 別さつ3ページ

1 次の□にあてはまる数を書きましょう。(20点)，完答

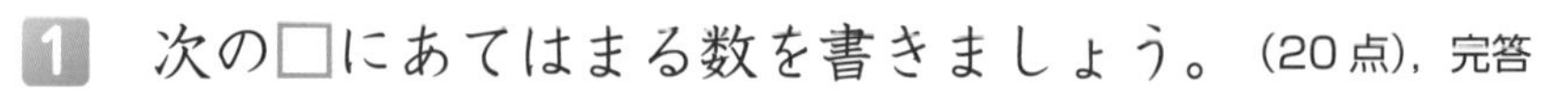

わる数を整数にするには，どうしたらいいかな？

11.2÷1.6＝(11.2×□)÷(1.6×□)

＝□÷16

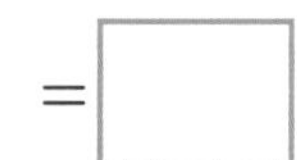

＝□

2 195÷75＝2.6 をもとにして，次の商を求めましょう。1つ5点(20点)

① 195÷7.5　(　　　)

② 19.5÷7.5　(　　　)

③ 1.95÷0.75　(　　　)

④ 0.195÷0.75　(　　　)

3 わりきれるまで計算しましょう。1つ10点(60点)

① 2.4)2.88

② 6.7)15.41

③ 3.62)5.43

④ 6.5)11.05

⑤ 2.9)20.88

⑥ 8.3)34.86

算数

□月□日

10 小数のわり算②

点

答え 別さつ3ページ

1 わりきれるまで計算しましょう。1つ10点（90点）

①　4.6）3.22

②　8.3）7.47

③　2.8）2.1

④　3.6）1.53

⑤　6.4）1.6

⑥　2.5）6

⑦　0.3）21.6

⑧　0.5）4.8

⑨　0.6）0.72

2 商が6より小さくなるものをすべて選び，記号で答えましょう。（10点），完答

㋐　6÷1.2　　㋑　6÷0.03　　㋒　6÷5　　㋓　6÷0.4

計算しなくても，わる数に注目すれば，わかるぞ。

（　　　　　　　）

算数

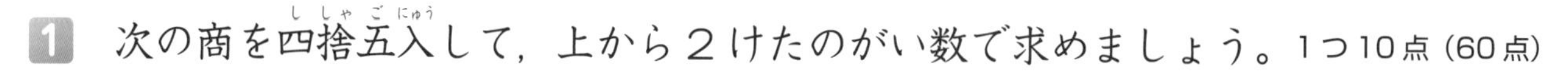

月　日

11 小数のわり算③

点

答え 別さつ３ページ

1 次の商を四捨五入して，上から２けたのがい数で求めましょう。1つ10点（60点）

①
$2.4\overline{)4}$

②
$4.3\overline{)9.5}$

③
$0.7\overline{)3.93}$

④
$1.4\overline{)1.69}$

⑤
$6.6\overline{)28.1}$

⑥
$5.3\overline{)36.4}$

算数

2 次の商を一の位まで求め，あまりも求めましょう。1つ10点（20点）

①
$3.3\overline{)16.1}$

②
$0.63\overline{)3.87}$

あまりの小数点は，どこにうったらいいかな？

（　　あまり　　）　（　　あまり　　）

3 5Lのジュースを，0.6Lずつびんに分けていきます。何本できて，何Lあまりますか。式10点，答え10点（20点）

[式]

[答え]（　　）本できて，（　　）Lあまる。

□月□日

12 小数のわり算④

点

答え 別さつ3ページ

1 ゆうたさんの家から学校までの道のりは2.4kmで，ゆうたさんの家から駅までの道のりは3.6kmです。家から駅までの道のりは，家から学校までの道のりの何倍ですか。式10点，答え10点（20点）

[式]

[答え]

2 A町の面積は16.8km^2です。これは，B町の面積の0.7倍です。B町の面積は何km^2ですか。式10点，答え10点（20点）

[式]

[答え]

3 ある店のハンバーガーと牛どんの，2000年のねだんと2015年のねだんについて調べました。ハンバーガーの，2000年のねだんは75円で，2015年のねだんは105円でした。牛どんの，2000年のねだんは300円で，2015年のねだんは390円でした。

① ハンバーガーの2015年のねだんは，2000年のねだんの何倍ですか。

[式] 式10点，答え10点（20点）

[答え]

② 牛どんの2015年のねだんは，2000年のねだんの何倍ですか。

[式] 式10点，答え10点（20点）

[答え]

③ 2000年から2015年にかけて，ねだんの上がり方が大きいのはどちらですか。

（20点）

（　　　　）

算数

13 合同な図形①

点

答え 別さつ4ページ

1 次の図形の中から，合同な図形を３組見つけましょう。1つ5点（15点）

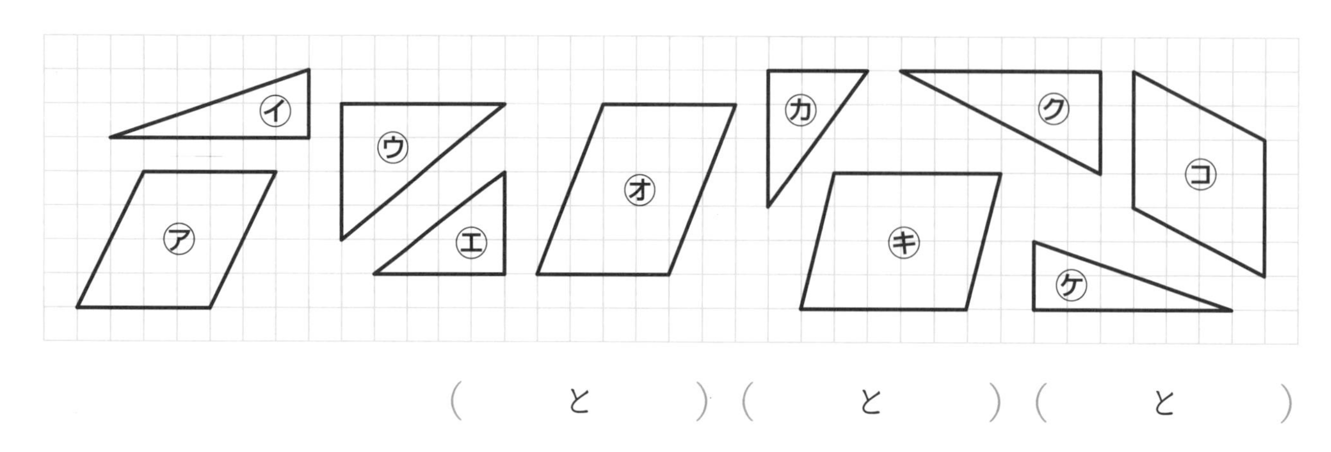

（　　と　　）（　　と　　）（　　と　　）

2 次の㋚と㋛の四角形は合同です。1つ15点（60点）

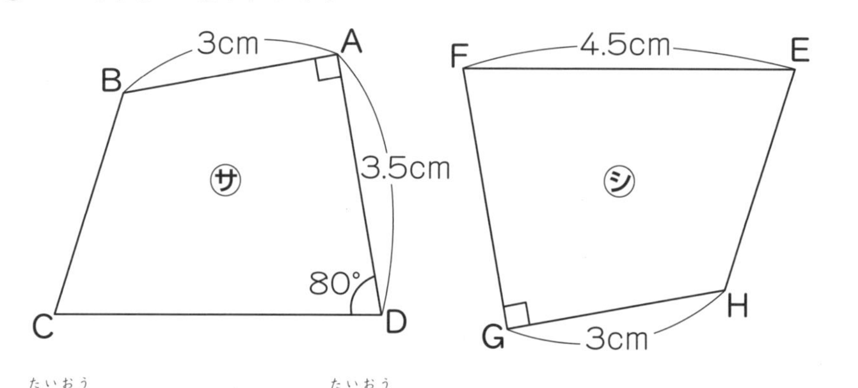

① 辺ABに対応(たいおう)する辺，角Cに対応(たいおう)する角を書きましょう。

辺ABに対応(たいおう)する辺（　　　　）　角Cに対応(たいおう)する角（　　　　）

② 辺FGの長さは何cmですか。また，角Fの大きさは何度ですか。

辺FGの長さ（　　　　）　角Fの大きさ（　　　　）

3 次の５つの四角形のうち，１本の対角線をひいてできる２つの三角形が，合同にならない四角形を見つけましょう。（25点）

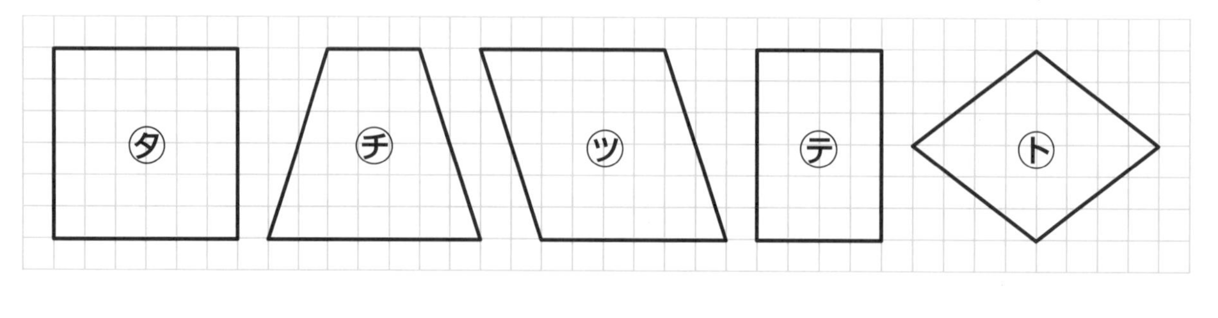

（　　　　）

算数

□月□日

14 合同な図形②

点

答え 別さつ4ページ

1 次の三角形と合同な三角形をコンパスを使ってかきましょう。(25点)

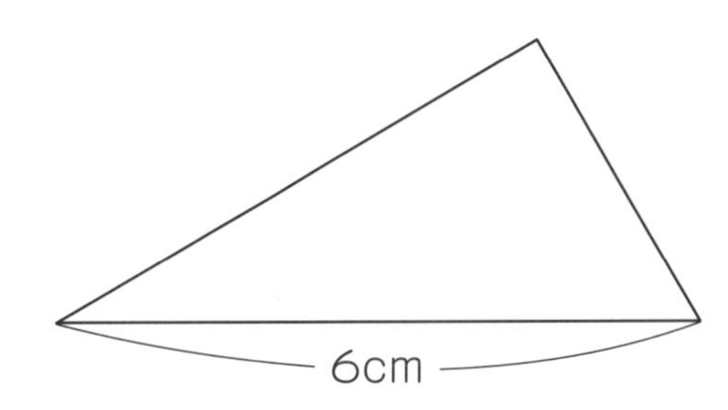

2 次の三角形をかきましょう。1つ25点 (75点)

① 3つの辺の長さが6cm, 4cm, 3cmの三角形

② 2つの辺の長さが6cm, 4cmで, その間の角の大きさが55°の三角形

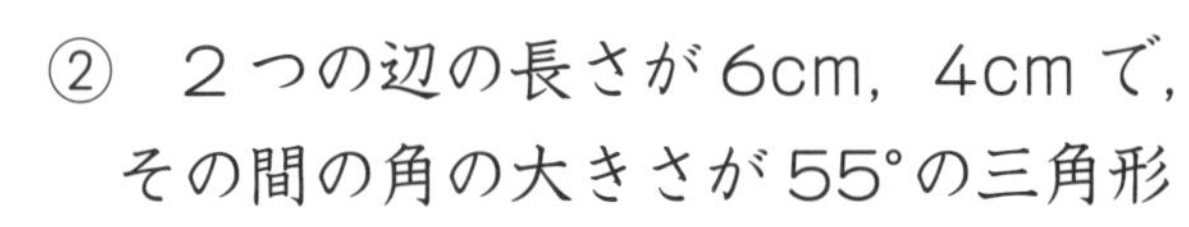

③ 1つの辺の長さが5cmで, その両はしの角の大きさが60°と20°の三角形

だいたいの形や大きさを想像(そうぞう)して,
どこからかき始めるか考えよう。
かくときに使った線は, 残しておくのだ。

算数

15 まとめ問題①
整数と小数，体積

点

答え 別さつ４ページ

1 次の□にあてはまる数を書きましょう。1つ10点（20点），完答

① 7261＝1000×□＋100×□＋10×□＋1×□

② 4.702＝1×□＋0.1×□＋0.01×□＋0.001×□

2 次の計算をしましょう。1つ10点（40点）

① 3.26×100　　② 0.431×1000

③ 87.2÷100　　④ 9.73÷10

3 次のような形の体積は何 cm^3 ですか。（20点）

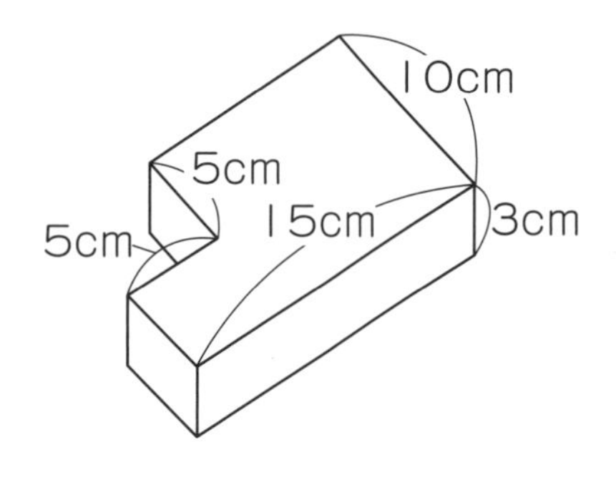

（　　　　）

4 次の直方体の体積は，18000L です。この直方体の高さは何 m ですか。（20点）

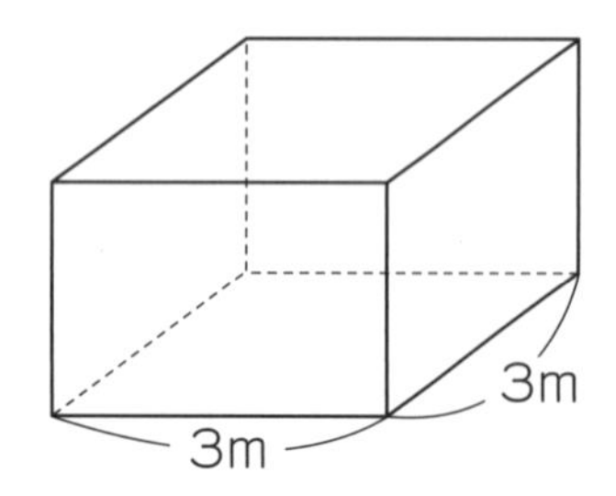

（　　　　）

1L は何 m^3 だったかな?

算数

16 まとめ問題②

比例，小数のかけ算・わり算

点

答え 別さつ5ページ

1 1mのねだんが45円のリボンがあります。長さを1m，2m，3m，…と変えていきます。1つ20点（40点）

長さ（m）	1	2	3	4	5	6	7	8	9
代金（円）	45	90	135	180	225	270	315	360	405

① 長さが12mのとき，代金は何円ですか。

（　　　　）

② 代金が945円になるのは，長さが何mのときですか。

（　　　　）

2 次の計算をしましょう。1つ10点（30点）

① $\begin{array}{r} 2.84 \\ \times\ 6.8 \\ \hline \end{array}$

② $\begin{array}{r} 378 \\ \times\ 5.7 \\ \hline \end{array}$

③ $\begin{array}{r} 0.87 \\ \times 0.92 \\ \hline \end{array}$

3 わりきれるまで計算しましょう。1つ10点（30点）

① $7.6 \overline{)\,32.68}$

② $4.8 \overline{)\,0.432}$

③ $3.2 \overline{)\,22.08}$

算数

月　日

17 まとめ問題③
小数のかけ算・わり算，合同な図形

点

答え 別さつ5ページ

1 くふうして計算しましょう。1つ15点（30点）

① $65.5 \times 2.5 \times 4$　　② $7.6 \times 6.9 + 2.4 \times 6.9$

2 次の商を一の位まで求め，あまりも求めましょう。1つ15点（30点）

① 4.7)39.7　　② 5.1)24.1

（　　あまり　　）　（　　あまり　　）

3 まきさんの家には，生後半年のねこがいます。今の体重は1722gで，生後3か月のときの体重の2.1倍です。生後3か月のときのねこの体重は何gでしたか。(20点)

（　　　）

4 次の2つの四角形は合同です。1つ10点（20点）

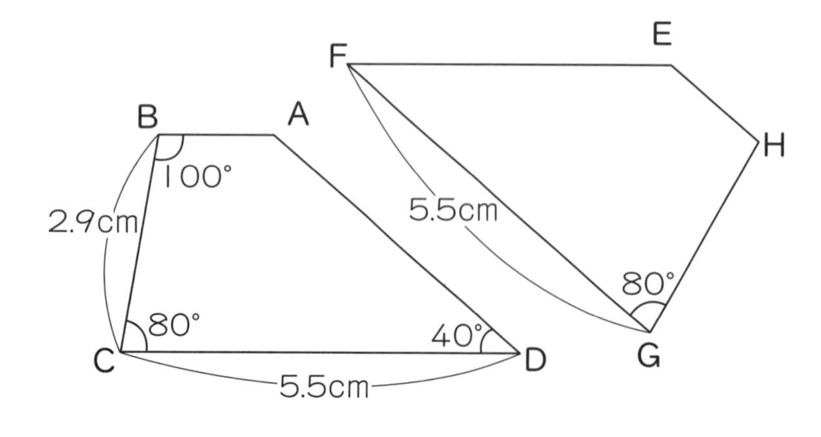

① 辺GHの長さは何cmですか。

（　　　）

② 角Hの大きさは何度ですか。

（　　　）

算数

チャ太郎ドリル　夏休み編
小学5年生
英語

□月□日

1 Nice to meet you.
はじめまして。

答え 別さつ5ページ

Let's try!

1 次の絵に合う英語を選んで線で結びましょう。

① はじめまして。

● ● I'm Yukari.

② わたしはユカリです。

● ● Nice to meet you.

③ わたしは日本の出身です。

● ● I'm from Japan.

英語

□月□日

2 How do you spell your name?

あなたの名前はどのようにつづりますか。

答え 別さつ５ページ

Let's try!

1 次の絵に合う英語になるように，□の語から１つ選んで書きましょう。

あなたの名前はどのようにつづりますか。

__________ do you spell your name?

What When How

2 次の絵に合うように，☆に入る英語を□の語を１つずつ使って書きましょう。

T-A-K-U. Taku.
（T-A-K-U。タクです。）

spell How name

☆：あなたの名前はどのようにつづりますか。

__________ do you __________ your __________ ?

英語

月　日

3 What sport do you like?
あなたは何のスポーツが好きですか。

答え 別さつ5～6ページ

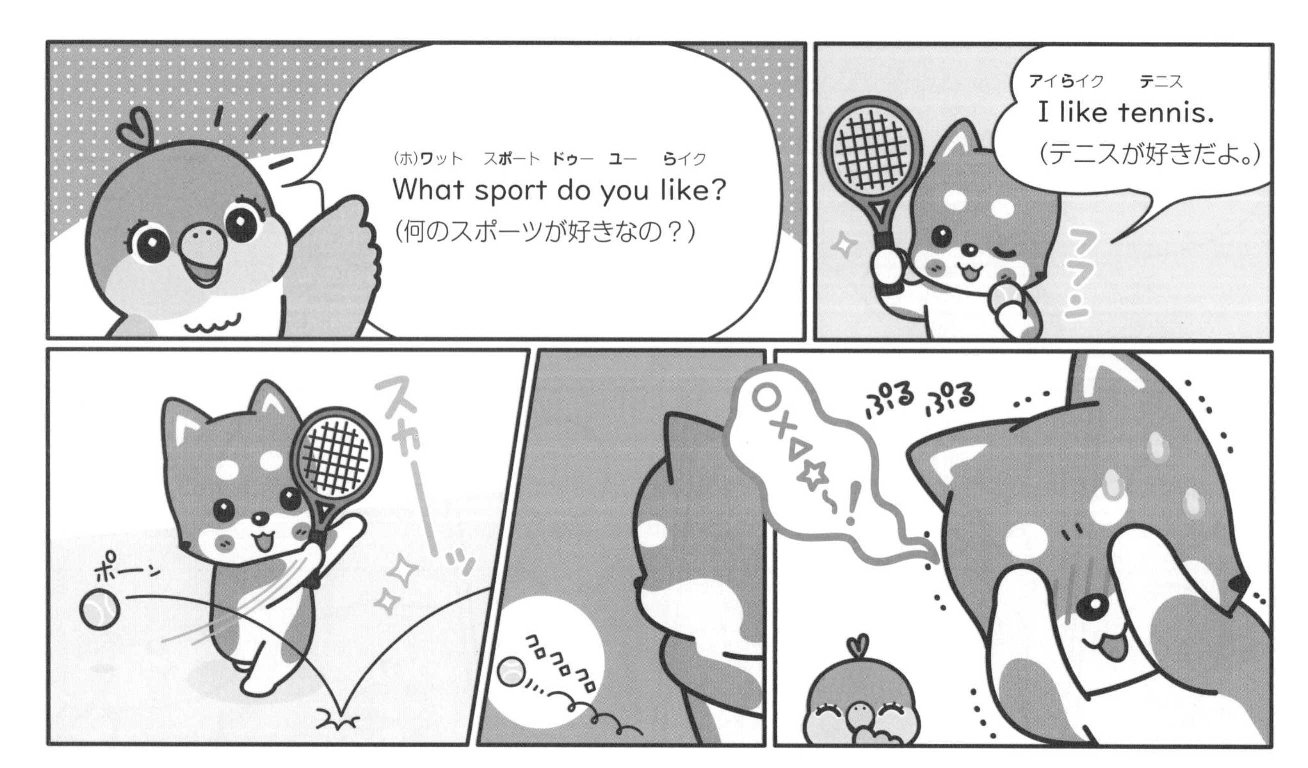

Let's try!

1 次の質問に合う答えを**ア**～**ウ**から選んで(　　)に記号を書きましょう。

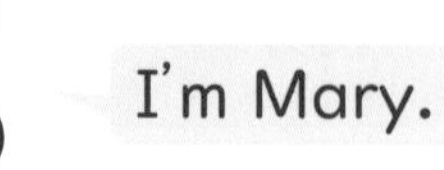

ア I'm Mary.

イ I'm from America.

ウ I like soccer.

(　　　　)

2 次の絵に合う英語になるように，□の語を１つずつ使って書きましょう。

______ ______ do you like?

— I like ______.

What baseball sport

4 When is your birthday?

あなたのたん生日はいつですか。

答え 別さつ6ページ

Let's try!

1 次の絵の人物になったつもりで，□の語を１つずつ使って質問に答えましょう。

質問：When is your birthday?

My ＿＿＿＿＿＿＿＿

＿＿＿＿ ＿＿＿＿ 6th.

May is birthday

2 次の絵に合うように，☆に入る英語を□の語を１つずつ使って書きましょう。

your birthday When

☆：あなたのたん生日はいつですか。

＿＿＿＿ is ＿＿＿＿ ＿＿＿＿？

□月□日

5 What do you want for your birthday?

あなたはたん生日に何がほしいですか。

答え 別さつ6ページ

英語

Let's try!

1 次の絵に合うように，質問の答えとして①，②に入る英語をア～ウから選んで（　）に記号を書きましょう。

質問：What do you want for your birthday?

ア I want a book.
イ I want a bag.
ウ I want a cap.

①（　　　　）　②（　　　　）

2 次の絵に合う英語になるように，□の語を１つずつ使って書きましょう。

________ do you want for

your ________ ?

— I ________ a cup.

want What birthday

□月□日

6 This is for you.
これをあなたにあげます。

答え 別さつ6ページ

Let's try!

1 次の絵に合う英語になるように，□の語を１つずつ使って書きましょう。

① これをあなたにあげます。

＿＿＿＿ is ＿＿＿＿ you.

② はい，どうぞ。

＿＿＿＿ you are.

③ ありがとうございます。

＿＿＿＿ ＿＿＿＿.

Here for Thank This you

英語

月　日

7 What do you want to study?

あなたは何を勉強したいですか。

答え 別さつ6ページ

1 次の絵の人物が勉強したい教科を**ア**～**エ**から選んで(　　)に記号を書きましょう。

① 
I want to study Japanese.
(　　　　)

② 
I want to study science.
(　　　　)

ア 　**イ** 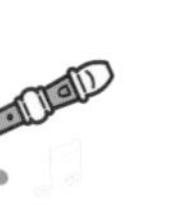　**ウ** 　**エ** 

2 次の絵に合うように，☆に入る英語を□の語を１つずつ使って書きましょう。

want
What
to

☆：あなたは何を勉強したいですか。

________ do you ________ ________ study?

月　日

8 What do you have on Thursday?
木曜日に何がありますか。

答え 別さつ7ページ

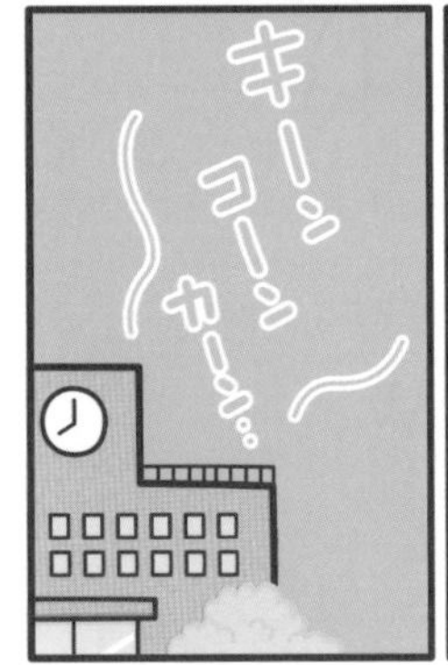

Let's try!

1 時間わりに合うように，次の質問に合う答えを**ア〜ウ**から選んで(　　)に記号を書きましょう。

What do you have on Thursday?

木曜日	金曜日
国語	体育
理科	英語
図工	音楽
図工	国語
算数	理科

ア I have English on Thursday.
イ I have music on Thursday.
ウ I have math on Thursday.

(　　　　)

2 次の絵に合う英語になるように，□の語を１つずつ使って書きましょう。

＿＿＿＿ do you have on Wednesday?

— I ＿＿＿＿ ＿＿＿＿.

science What have

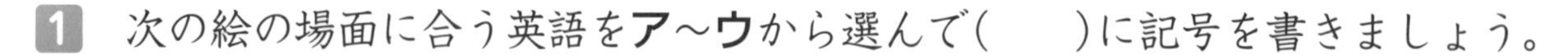

9 まとめ問題①

1日目～3日目のまとめ

点

答え 別さつ7ページ

1 次の絵の場面に合う英語を**ア～ウ**から選んで(　　)に記号を書きましょう。

1つ15点 (30点)

① 

(　　　　)

② 

(　　　　)

ア What sport do you like? — I like volleyball.

イ How do you spell your name? — M-A-R-Y. Mary.

ウ Nice to meet you. I'm Mary.

英語

2 次のじこしょうかいカードの内容(ないよう)に合う英語になるように，□の語を1語ずつ使って書きましょう。1つ14点 (70点)

<u>じこしょうかいカード</u>

★名前：トム

★出身：アメリカ

★好きなスポーツ：野球

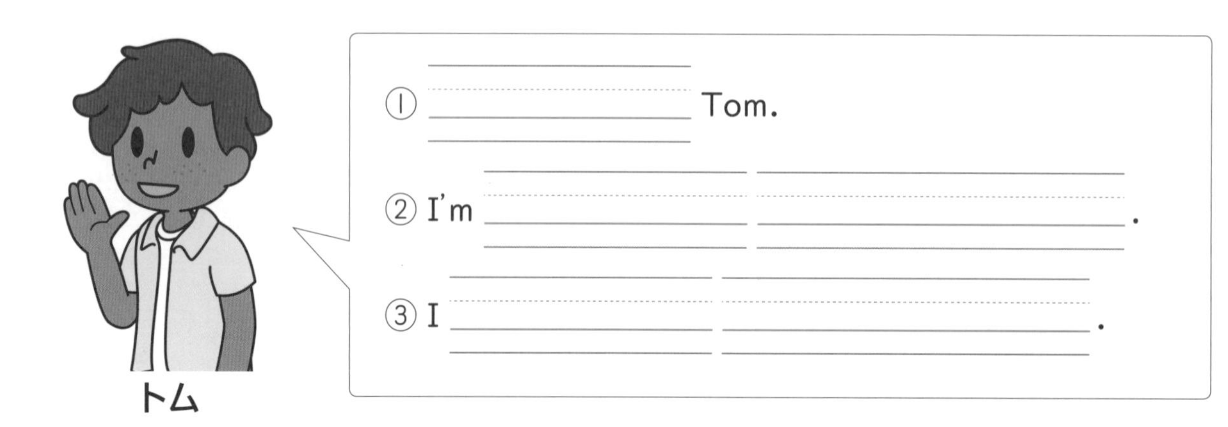

baseball	from	like	I'm	America

月　日

10 まとめ問題②
4日目～6日目のまとめ

点

答え 別さつ7～8ページ

1 次の絵に合う英語を選んで線で結びましょう。1つ10点（30点）

① 

 This is for you. Here you are.

 Thank you.

② 

 When is your birthday?

 My birthday is July 24th.

③ 

 What do you want for your birthday?

 I want a book.

2 次の絵に合う英語になるように，□の語を１つずつ使って書きましょう。

1つ14点（70点）

October bag birthday want When

① ＿＿＿＿ is your ＿＿＿＿？

② My birthday is ＿＿＿＿ 3rd.

③ I ＿＿＿＿ a ＿＿＿＿ for my birthday.

英語

11 まとめ問題③

7日目～8日目のまとめ

点

答え 別さつ８ページ

1 次の時間わりの内容(ないよう)に合っているなら○，まちがっているなら×を(　　)に書きましょう。1つ12点（36点）

	月曜日	火曜日	水曜日	木曜日	金曜日
1	国語	算数	社会	算数	音楽
2	体育	体育	国語	英語	社会
3	社会	英語	図工	体育	家庭科
4	算数	道徳	図工	理科	家庭科
5	理科	音楽	理科	道徳	国語

①

I have Japanese on Monday.

(　　　　)

②

I have social studies on Tuesday.

(　　　　)

③

I have P.E. on Friday.

(　　　　)

2 次の絵に合う英語になるように，[　　]の語を１つずつ使って書きましょう。

1つ16点（64点）

①

あなたは何を勉強したいですか。

________ do you want to ________ ?

②

わたしは算数を勉強したいです。

I ________ to study ________ .

math
study
What
want

英語

17 詩を読む②

国語

点

月　日

答え 別さつ8ページ

●次の詩を読んで、あとの問いに答えましょう。

虹　　石垣りん

1 虹が出ると
2 みんなおしえたがるよ（①）
3 とても大きくて
4 とても美しくて
5 すぐに消えてしまうから
6 ためておけないから
7 虹をとりこにして
8 ひとつ金もうけしようなんて
9 だれも考えないから

10 知らない人にまで
11 大急ぎで教えたがるよ
12 虹だ！
13 虹が出てるよ
14 にんげんて
15 そういうものなんだ
16 虹が出ないかな
17 まいにち
18 虹のようなものが出ないかな（②）
19 空に。

(1) ――線①「みんなおしえたがるよ」とありますが、おしえたがることは何ですか。□にあてはまる言葉を詩の中から五字でぬき出しましょう。(20点)

□□□□□こと。

(2) 17〜19行目で用いられている技法を次から一つ選び、記号で答えましょう。(40点)

ア 人でないものを人にたとえている。
イ 行の終わりを物やことの名前を表す言葉で終えている。
ウ 言葉の順序を入れかえて強調している。

〔　　〕

(3) ――線②「虹のようなもの」にこめられている作者の思いを次から一つ選び、記号で答えましょう。(40点)

ア 美しいものを見て、それを毎日だれかに伝えたい。
イ 色とりどりの花がさく景色を見てみたい。
ウ 虹のように人々の心をきれいにするものに出会いたい。

〔　　〕

16 説明文を読む④

点

月　日

答え 別さつ9ページ

●次の文章を読んで、あとの問いに答えましょう。

クロマツはマツ科の常緑針葉樹*です。高さ四〇メートル、幹の直径二メートルにもなります。幹はまっすぐに立ちますが、ときには、曲がりくねってさまざまな姿になります。幹の表面は黒茶色で、カメの甲らのような形の割れ目がありまず。クロマツは、今までお話したように海岸林を代表する樹木です。

自然にできたクロマツ林もありますが、多くは人工林です。では、なぜクロマツなのでしょうか。人工の海岸林で一番期待されることは、広い砂浜の砂が海風によって移動して農地や家に被害をあたえるのを防ぐことです。また、塩分をふくんだ強い風や風に飛ばされてくる塩水を防ぐことも大切です。

それには、砂地でもよく生長できて、高い幹をもち、しっかりとした枝ぶりであること、冬も枯れず、塩水をかぶっても枯れず、夏の強い太陽の光と熱と、乾燥にも平気な葉をたくさんつけ、強い海風でもたおれず、長生きする樹木である必要があります。このむずかしい注文にこたえられる樹木はクロマツしかありません。

砂地は栄養分が少なく、砂つぶがぎっしりつまっているので、水や空気も少なく、多くの樹木にとっては生長ができない場所です。このような砂地でもクロマツは生きていくことができます。これは、ハツタケやショウロというキノコから伸びる、細い糸のような菌糸が根にからみついて栄養をあたえるからです。

（近田文弘「海岸林が消える?!」）

＊常緑針葉樹…葉の形が細長く、年間を通して葉が落ちない樹木。

(1) 海岸林が期待されていることは何ですか。文章中から四字でぬき出しましょう。(40点)

砂浜の砂による[　　　　]への被害を防ぐこと。

(2) クロマツが海岸林を代表する樹木とよばれているのはなぜですか。[　]にあてはまる言葉を文章中から①は三字、②は四字、③は七字でぬき出しましょう。一つ20点(60点)

・[①]や[②]が少ない砂地でも、[③]ができるから。

①[　　　]

②[　　　　]

③[　　　　　　　]

15 物語文を読む④

国語

月　日　点

答え 別さつ9ページ

●次の文章を読んで、あとの問いに答えましょう。

「一郎君、チイスケがきのう、外に遊びに行ったきり、帰ってこないんだって」

「えっ」

と、一郎は足を止めて、聞いた。

「一晩中？」

「そう。今までに、①こんなことは一度もないの」

千広は顔をくもらせて、そういった。

「今日は、朝からずっと千広ちゃんの家のまわり探して回ってるんだけど、見つからないんだよね」

恵がいった言葉を聞いたとたん、一郎はマズイと思った。

二人がなぜここに来たのか、その理由がわかったからだ。一緒に、チイスケを探してもらいたがっている。

とっさに、一郎は、

「そっか。チイスケだって、たまには遠出して、のびのび遊びたいんじゃないか。そのうち帰ってくるよ」

②まったく何の根拠もないのに、そんな言葉を口にしていた。

そして、

「これから、直男と遊ぶ約束してんだ」

そういって、二人の前から③すみやかに立ち去った。

その時の、千広のがっかりしたような、失望したような顔が、一郎の目に焼きついていた。

三輪裕子「チイスケを救え！」

(1) ――線①「こんなこと」を説明した次の文の□にあてはまる言葉を、文章中から十七字でぬき出し、初めの五字を書きましょう。(25点)

・チイスケが□こと。

(2) ――線②「まったく何の根拠もないのに、そんな言葉を口にしていた」とありますが、なぜですか。それを説明した次の文の□にあてはまる言葉を、文章中から①は四字、②は二字でぬき出しましょう。(一つ25点(50点))

・一郎は①があり、②たくなかったから。

①

②

(3) ――線③「すみやかに立ち去った」とありますが、このあとの一郎の気持ちを次から一つ選び、記号で答えましょう。(25点)

ア 後ろめたい　　イ なつかしい

ウ すがすがしい　エ くやしい

（　　）

14 古文を読む

月　日

点

答え　別さつ9ページ

● 次の文章を読んで、あとの問いに答えましょう。

中昔のことにやありけん、河内国交野の辺に、備中守さねたかといふ人①ましましける。数の宝を②持ち給ふ。飽き満ちて、③乏しきこともましまさず。花の下にては散りなんことを悲しみ、歌を詠み詩を作り、のどけき空をながめ暮し給ひける。詩歌管絃に心を寄せけるが、

（「鉢かづき」）

＊1　河内国交野…現在の大阪府枚方市。
＊2　備中守…備中国（現在の岡山県西部）の長官。
＊3　詩歌管絃…漢詩や和歌、管楽器や弦楽器。

【現代語訳】

それほど古くないころのことであったろうか、河内国の交野の辺に備中守さねたかという人がいらっしゃった。多くの財宝を持っておられる。十分に満ち足りて、不自由な思いをなさることもない。詩歌管絃に心を寄せたが、花の下では散るのを悲しみ、歌を詠み詩を作り、のどかな空をながめ暮らしておられた。

(1)　――線①「ましましける」、――線③「乏しきこと」の意味をそれぞれ【現代語訳】からぬき出しましょう。一つ25点（50点）

①　ましましける〔　　　　〕
③　乏しきこと〔　　　　〕

(2)　――線②「持ち給ふ」とありますが、この主語はだれですか。文章中からぬき出しましょう。（25点）

〔　　　　〕

(3)　文章中で述べられていることを次から一つ選び、記号で答えましょう。（25点）

ア　さねたかは、貧しい暮らしにたえていた。
イ　さねたかは、朝から晩まで歌を詠んでいた。
ウ　さねたかは、詩歌を作りのんびり暮らしていた。
エ　さねたかは、毎日の暮らしにあきていた。

〔　　　　〕

古文と現代語訳をよく読み比べてみるのだ。

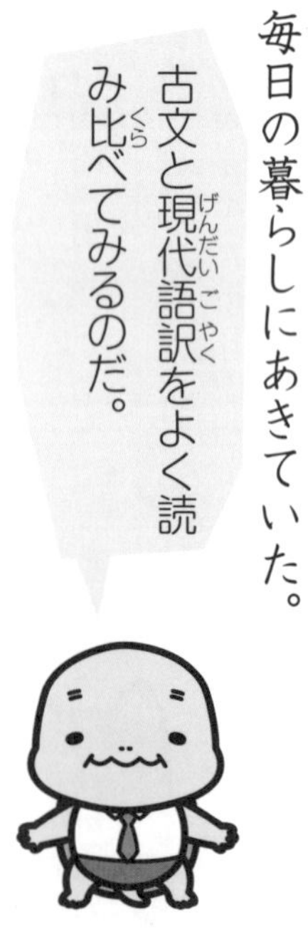

国語

13 説明文を読む③

月　日

答え 別さつ9ページ

点

国語

●次の文章を読んで、あとの問いに答えましょう。

敬語表現を使いこなせば、相手との距離感を縮めたり伸ばしたりすることが可能になります。また①言葉の変化に敏感な人は、人との距離感も上手にコントロールできるのです。

「言葉の達人」「会話の達人」には、誰でもなれます。

〝この人と会話をしていると楽しい〟と、相手に好感を抱かせるポイントの一つは、やはり「聞き上手」になることでしょう。テニスや卓球でも、ボールのやりとりが互いに続いていくと、楽しいものです。しかし〝ピンポン〟ならぬ、一方通行の〝ピンピン〟になってしまったら面白くありません。まれに、相手に通じているのかどうかを無視して、勝手にしゃべり続けている人に出会うことがありますが、②こういう人と会話を楽しむことは、難しいでしょう。

相手をよく見る。自分の言葉をどう受け止めているのか、感じ、察しながら、言葉を発する。相手の状況や立場を尊重しながら、自分の思いを伝えていくのが、「思いやり」です。

自分の言葉も、他人の言葉も、一度、客観的に観察してみてください。それが言葉遣いの上達に、大変役立つと思います。

（北原保雄「日本語の常識アラカルト」）

(1) ――線①「言葉の変化に敏感な人」を説明した次の文にあてはまる言葉を文章中から九字でぬき出しましょう。(30点)

・人との距離感を□できる人。

(2) ――線②「こういう人と会話を楽しむことは、難しい」とありますが、反対に「楽しい」と思わせる条件は何ですか。文章中から十一字でぬき出しましょう。(30点)

(3) 文章の内容として正しいものを次から一つ選び、記号で答えましょう。(40点)

ア 「会話の達人」になれる人は、ごくまれである。

イ 相手の話をひたすら聞くことが「思いやり」である。

ウ 話すときに相手を尊重することは、時には不要だ。

エ 言葉遣いの上達には、自分の言葉を客観的に見るとよい。

（　　）

12 物語文を読む③

点

月　日

答え 別さつ10ページ

●次の文章を読んで、あとの問いに答えましょう。

　冬休み三日目に年賀状を書き終えて、近所のポストに投函した。①はがきは一枚だけ余らせてある。でも、裕太から来なかったらムカつくよな、三学期からも絶交つづけなきゃな、お年玉の金額の比べっこしようぜってケンカの前には盛り上がってたんだけどな……なんてことを思いながら自転車をとばしていたら、同級生の香奈にばったり会った。女子に会っても無視、とふだんから決めているぼくはかまわずすれ違おうとしたけど、「ちょっとちょっと」と呼び止められた。

「……なんだよ、オレ、忙しいんだよ」

「②ねえ、知ってる？　裕太くんのこと」

「うん？」

「あの子、転校しちゃうんだって」

「マジ？」

　香奈のお母さんが、二学期が終わる少し前に裕太のお母さんから聞いた。お父さんはあと四、五年は札幌の支社に勤めることが決まったので、四月からお母さんと裕太も札幌に引っ越すことになった――らしい。

「ふーん、いいじゃん……札幌だと、ジンギスカン食えて。あと、ほら、ラーメンもあるし」

　無理やり笑った。でも、声が震えた。香奈と目が合うと、なんかカッコ悪いことになってしまいそうだったから、そっぽを向いたまま自転車のペダルを踏み込んだ。

（重松清「あいつの年賀状」）

(1)　――線①「はがきは一枚だけ余らせてある」理由を次から一つ選び、記号で答えましょう。(30点)　〔　　〕

ア　裕太が札幌へ行ったあと年賀状を出すつもりだから。

イ　書きまちがえてしまうかもしれないから。

ウ　裕太の年賀状に返事をするつもりでいるから。

(2)　――線②「ねえ、知ってる？……」の前後の「ぼく」の気持ちの変化を次から一つ選び、記号で答えましょう。(30点)　〔　　〕

ア　裕太のことを心配していたが、香奈の言葉に安心した。

イ　香奈と話す気はなかったが、裕太の話題が気になった。

ウ　香奈と会って緊張していたが、話せてうれしくなった。

(3)　「ぼく」が香奈の話を聞いてショックを受けたことをかくそうとしている表現を文章中から七字でぬき出しましょう。(40点)

国語

国語

11 同音異義語・同訓異字

月　日

点

答え 別さつ10ページ

1 次の文にあてはまる言葉を︷︸から選び、記号を○でかこみましょう。一つ5点（20点）

① わたし︷ア 意外／イ 以外︸はねぼうをした。

② 兄の︷ア 意向／イ 移行︸にそって話を進める。

③ むかしの出来事を︷ア 回送／イ 回想︸する。

④ この花は︷ア 気象／イ 希少︸な植物である。

2 次の□に漢字を書きましょう。一つ10点（30点）

① □□（かんこう）旅行へ出かける□□（きかい）にめぐまれる。

② 友人の行いに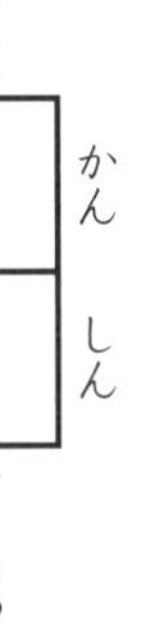□□（かんしん）する。

3 次の文にあてはまる言葉を︷︸から選び、記号を○でかこみましょう。一つ5点（20点）

① 新しいノートを︷ア 飼う／イ 買う︸。

② 図書館の本を︷ア 返す／イ 帰す︸。

③ うさぎがすがたを︷ア 表す／イ 現す︸。

④ 先生の言葉を心に︷ア 止める／イ 留める︸。

4 次の――線の言葉を、漢字と送りがなで書きましょう。一つ10点（30点）

① 手を<u>あげる</u>。　（　　　）

② 川の流れが<u>はやい</u>。　（　　　）

③ 朝ごはんを食べ<u>はじめる</u>。　（　　　）

10

俳句を読む

点

月　日

答え 別さつ10ページ

●次の俳句を読んで、あとの問いに答えましょう。

A　雪とける解けると鳩の鳴く木かな　小林一茶

B　いくたびも雪の深さを尋ねけり　正岡子規

C　物いへば唇寒し秋の風　松尾芭蕉

D　むめ一輪一りんほどのあたゝかさ　服部嵐雪

E　五月雨や大河を前に家二軒　与謝蕪村

(1)　A～Eの俳句の季語と季節をそれぞれ書きましょう。　一つ10点（50点）、各完答

A（季語　季節　）

B（季語　季節　）

C（季語　季節　）

D（季語　季節　）

E（季語　季節　）

(2)　Cの俳句に使われている技法を次から一つ選び、記号で答えましょう。（10点）（　）

ア　人でないものを人にたとえている。

イ　言葉の順序を入れかえて強調している。

ウ　句の終わりを物やことの名前を表す言葉で終えている。

エ　同じ言葉をくり返してリズムを出している。

(3)　A～Dの俳句の説明を次から一つずつ選び、記号で答えましょう。　一つ10点（40点）

A（　）B（　）

C（　）D（　）

ア　口を開くと、秋の冷たい風が唇にふれて、寒々とした気分になる。

イ　雪がもうすぐとける、とけるよ、と木にとまった鳩が鳴いている。

ウ　うめの花が一りんだけ咲いた。寒さはまだきびしいけれど、少しずつあたたかさを感じている。

エ　雪がどれくらい積もったのか、何度もたずねてしまった。

国語

9 説明文を読む②

月　日

答え 別さつ10ページ

点

●次の文章を読んで、あとの問いに答えましょう。

ペンギンは鳥の一種だ。昔は空を飛んでいた。ミズナギドリやアビといった海鳥と祖先が一緒だったといわれている。

それが、□をやめて、「水の中を飛ぶ」生活をえらんだ。

空を飛べなくなるのはもったいない気がするけれど、もともと海にもぐって魚をつかまえて食べていた鳥なのだから、水での生活に適応した方が得なことがたくさんある。

たとえば体重。空を飛ぶためには、体がうんと軽くなければならない。でも水中生活なら、いくらだって重くなれる。だから、彼らは重さを気にせずに強力な胸の筋肉を発達させた。同時に、翼を一枚板のオールのような「フリッパー」（ひれ、の意味）にして、力強く水をかくことができるようにした。

さらに、水中での抵抗をへらすために、体を魚雷型*に変えた。こういったことで、彼らは水の中を自由自在に「飛ぶ」ことができるようになったのだ。ペンギンの体には、空を飛ぶことと引きかえに、水の中ですごしやすくするための工夫が、いっぱいつまっている。

（川端裕人「サボテン島のペンギン会議」）

＊魚雷…水中で使われる兵器。

(1) □にあてはまる言葉を、文章中から六字でぬき出しましょう。（25点）

(2) ――線「水の中ですごしやすくするための工夫」とありますが、どのような工夫をしましたか。それを説明した次の文の□にあてはまる言葉を、文章中から①は二字、②は五字でぬき出しましょう。一つ25点（50点）

・体を①する必要がないので、胸の筋肉を発達させ、また、水を力強くかくことができるように翼を②にした。

①

②

(3) 文章の内容に合うものを次から一つ選び、記号で答えましょう。（25点）

ア　ペンギンは空を飛ぶために魚雷型の体に進化した。
イ　ペンギンは翼を失ったので水中でくらすようになった。
ウ　ペンギンはもともと海の魚をつかまえて食べていた。
エ　ペンギンは海で泳ぎやすいように体重を軽くした。

（　　　）

8 物語文を読む②

点

月　日

答え 別さつ11ページ

●次の文章を読んで、あとの問いに答えましょう。

広記は、野球チームの応援団に入るために楽器店でトランペットを買ってもらい、店長さんからふき方を教えてもらった。そのとき、音を出すむずかしさに初めて気がついた。

「どうだい？　もしかしてイヤになったかな？　やめたくなったかい。」

ブンブンとぼくは首を横に振った。

「イヤになるかもしれないけど、やめるわけにはいかないんです。①絶対やるって決めたんです。」

そうだ。もし、何か別の事情で始めていたら――たとえば、テレビで見たトランペット奏者にあこがれたから、とか、友だちにさそわれたから、というような事情だったら――すぐに、やめていたかもしれない。どうせ、ぼくにはムリですよ、って。

だけど、そうじゃないんだ。

やらなきゃいけない。

やりたい。

おどろかせたい。

仲間に入りたい。

選手に、少しでも応援の気持ちを届けたい――。

店長さんがいった。

「もしよかったら、週一くらいでしばらくここに通うかい？　ちょっとなら教えてあげられるよ。うん、特別サービスでね。」

「②えっ！　お願いします。」

ぼくはゆかが、ぐんと近づくまで思いきり頭を下げた。

（吉野万理子「青空トランペット」）

(1)　――線①「絶対やる」とありますが、何を絶対やるのですか。文章中から六字でぬき出しましょう。（50点）

(2)　――線②「えっ！　お願いします」とありますが、この時の広記の気持ちを次から一つ選び、記号で答えましょう。（50点）

〔　　　〕

ア　本当は一人で練習したかったので、がっかりしている。

イ　店長の思いがけない提案に、おどろきつつも喜んでいる。

ウ　音を鳴らすことが意外とむずかしく、不安になっている。

エ　期待していたとおりの展開になり、うれしくなっている。

7 和語・漢語・外来語

点

月　日

答え　別さつ11ページ

国語

1 次の言葉の説明をしている文をあとから一つ選び、記号で答えましょう。一つ5点（15点）

① 和語　（　　）

② 漢語　（　　）

③ 外来語　（　　）

ア 昔、中国（ちゅうごく）から入ってきた、「音」で読む言葉。

イ もともと日本にあった、「訓」で読む言葉。

ウ 近代に外国から入ってきた、カタカナで表す言葉。

言葉は、大きく三つに分類できるのだ。

2 次の言葉の種類を□から一つ選び、記号で答えましょう。一つ5点（20点）

① 写真　（　　）

② 肉　（　　）

③ テーブル　（　　）

④ 着る　（　　）

ア　和語
イ　漢語
ウ　外来語

3 次の外来語と同じ意味の和語や漢語を□から一つ選び、記号で答えましょう。一つ5点（25点）

① コミュニティ　（　　）

② ソリューション　（　　）

③ ケア　（　　）

④ リユース　（　　）

⑤ セキュリティ　（　　）

ア　安全
イ　手当て
ウ　問題解決（かいけつ）
エ　再使用（さい）
オ　地いき社会

4 次の文の――の言葉から和語・漢語・外来語をそれぞれすべて選び、答えましょう。一つ10点（40点）

あす（ア）は　バスケットボール（イ）の　大会（ウ）がある。毎日チームメイトと練習を続けてきたのだから、きっと勝てると　思う（エ）。

① 和語　（　　）

② 漢語　（　　）

③ 外来語　（　　）

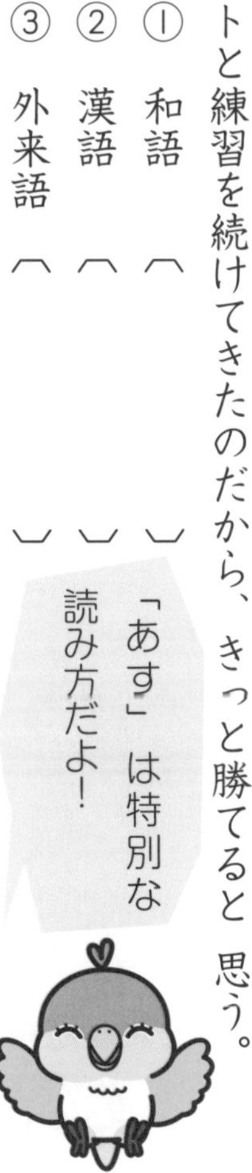

6 五年生の漢字②

月　日

答え 別さつ11ページ

点

1 次の――線の漢字の読みを（　）に書きましょう。 一つ5点（40点）

① おもちゃをこわした妹を許す。（　）
② 図書館までの道のりを往復する。（　）
③ 毎週あった報告が絶(た)える。（　）（　）
④ 店の構えを整える。（　）（　）
⑤ 空気中の酸素を取り入れる。（　）（　）
⑥ たおれそうな柱を支える。（　）（　）
⑦ とどいたばかりの夕刊を読む。（　）（　）
⑧ ビンゴ大会で賞品をもらう。（　）（　）

「支える」は送りがなにも注意しよう！

2 次の□に漢字を書きましょう。 一つ6点（30点）

① 漢字の□□(けんてい)に□□(きょうみ)をもつ。
② 字を□□(てきせつ)に□□(しゅうせい)する。
③ 決まった場所に□□(ていしゃ)する。

3 次の――線の言葉を、漢字と送りがなで書きましょう。 一つ6点（30点）

① 自分の意見をのべる。（　）
② 相手の要求にこたえる。（　）
③ テント席をもうける。（　）
④ さとうと塩をまぜる。（　）
⑤ ボタンをとめる。（　）

5 詩を読む①

月　日

点

国語

答え　別さつ11ページ

●次の詩を読んで、あとの問いに答えましょう。

ヨット

南郷芳明

青い海に
白い帆をあげ
波を切って
ヨットは進む

でも
風は　気まぐれ
逆向きの　強い風だって
たまには　吹く

ヨットは
それでも　かまわない
帆と舵で　風を料理し
行きたい方向の　力に変える

さあ　吹いてこい
どんな風でも
人生の海の
ぼくは □ だ

(1) 何連からなる詩ですか。漢数字で答えましょう。(25点)

〔　　　〕連

(2) ――線「風は　気まぐれ」の表現としてふさわしいものを次から一つ選び、記号で答えましょう。(25点)

〔　　　〕

ア 同じ言葉をくり返してリズムを出している。
イ 言葉の順序を入れかえて強調している。
ウ 人でないものを人にたとえている。

(3) □ にあてはまる言葉を詩の中から三字でぬき出しましょう。(25点)

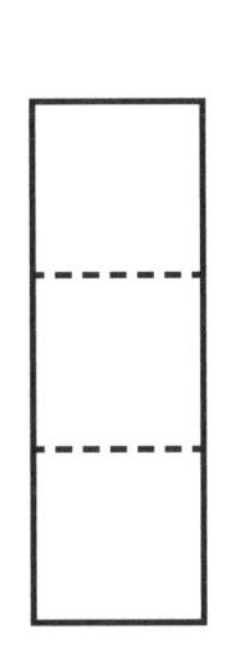

(4) この詩にこめられている作者の思いを次から一つ選び、記号で答えましょう。(25点)

〔　　　〕

ア 青い海を進むときはいろいろな風が吹くと知るべきだ。
イ つらさですら、前に進む力に変えることができる。
ウ 人生という海を進むために必要なことをさがしたい。

4 説明文を読む①

点

月　日

答え 別さつ12ページ

●次の文章を読んで、あとの問いに答えましょう。

歴史を学ぶということは、日々の生き方を学ぶということです。自分がどう生きていくか、そのための手がかりや足がかりを学ぶことができるのです。

歴史という灯りを手にして、足元を照らしながら人生を進んでいけば、無駄なエネルギーや時間を費やさずにすみます。その灯りをもてるかどうかは、つまり、歴史に関心をもつかもたないかで決まります。歴史を軽視することは、自分の足元を照らす灯りを、自分で否定することにほかなりません。

また、灯りをともしつづけるには、ろうそくや油が必要です。そのろうそくや油とは、みなさん一人ひとりが学びつづける努力のことです。

＊平洲のいう学問とは、歴史だけでなく、学校で学ぶことすべてを指します。

自分自身で考え、行動する力を得るためには、学ぶこと、そして学びつづけることが必要です。そして、それは若いときだけでなく、一生必要なことなのです。

歴史への接近は「自分って何？」という疑問から始まります。

歴史を知ることで、自分の社会における位置づけや、立場を知るための手がかりを得ることができます。

（童門冬二「歴史を味方にしよう」）

＊平洲…細井平洲。米沢藩藩主だった上杉鷹山の先生。

(1) ――線「歴史という灯り」について答えましょう。　一つ30点（60点）

① 灯りを手にするために必要なことは何ですか。「〜こと。」につづくように、文章中から八字でぬき出しましょう。

こと。

② 灯りが消えないようにするために必要なものは何ですか。文章中から八字でぬき出しましょう。

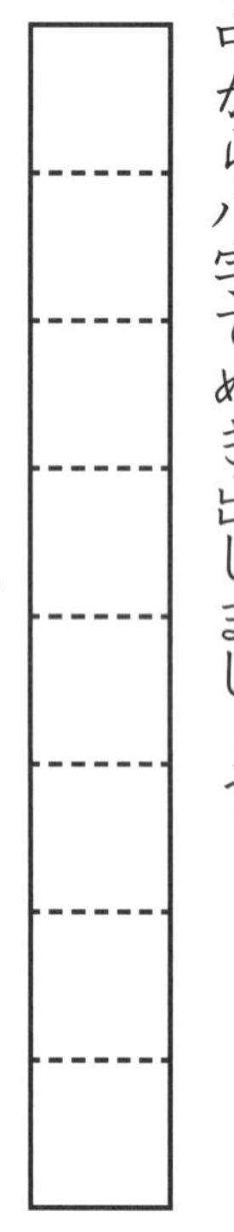

(2) 「学ぶ」ことについて、筆者が述べているものを次から一つ選び、記号で答えましょう。（40点）〔　　〕

ア 歴史を学ぶと、エネルギーや時間の使い方がわかる。

イ 学校で学ぶことより、歴史を学ぶことの方が価値がある。

ウ 若いころだけではなく、一生つづけることが必要だ。

エ 自分の社会における位置づけを知ることが大切だ。

国語

点　　月　　日

答え 別さつ12ページ

●次の文章を読んで、あとの問いに答えましょう。

「わ、あっちー！」

ガシャン、ガシャガシャ！

キッチンのドアを開けると、なべのフタがゆかに転がっていて、パパが流しで水をジャージャー出しながら右手を冷やしていた。

パパはあたしに気づくと、手を冷やしたまま、「起きてきちゃダメじゃないか」っていった。

「もう治ったみたい。気持ち悪くないし」

「熱は？」

「ないと思う」

「よかったー、あ、じゃあ鍋焼きうどん食えるだろ」

「パパが作ったの？」

「結構むずかしいんだな」

そういってパパは汁のふきこぼれた鍋を指さして、「昨日のおかゆはうまくいったのになぁ」って□にいう。

パパはコンロの火をつけて弱火にすると、まな板のネギをつまんだ。ちゃんと切れていなくて、びろーんとつながったネギをひきちぎりながら鍋に入れる。

パパの背中を見ていたら、おかしいのに鼻の奥がツンとした。

「トイレ、トイレ！」

涙を見られたくなくて、見せたくなくて、あわててトイレにかけこんだ。

（いとうみく「二日月」）

(1) どんな場面の文章ですか。次から一つ選び、記号で答えましょう。(20点)　（　　）

ア パパがなれた様子で料理をしている場面。

イ 具合が悪い「あたし」にパパが食事を作っている場面。

ウ 「あたし」がパパを手伝おうとしている場面。

(2) □にあてはまるパパの気持ちを表す言葉を次から一つ選び、記号で答えましょう。(40点)　（　　）

ア 得意そう　イ 残念そう　ウ おもしろそう

(3) ——線「鼻の奥がツンとした」とありますが、このとき「あたし」はどのような行動をとりましたか。□にあてはまる言葉を、文章中から十三字でぬき出し、はじめの五字を書きましょう。(40点)

・あふれてきた涙をかくそうと、□。

□□□□□

2 漢字の成り立ち

点

月　日

答え 別さつ12ページ

1 次の漢字の成り立ちを説明している文をあとから一つ選び、記号で答えましょう。一つ5点（20点）

① 形声文字（けいせいもじ）（　　）
② 象形文字（しょうけいもじ）（　　）
③ 会意文字（かいいもじ）（　　）
④ 指事文字（しじもじ）（　　）

ア 目に見えない事がらを、記号などによって表したもの。
イ 意味を表す部分と音を表す部分を組み合わせたもの。
ウ 見えている形をえがいたものからできたもの。
エ それぞれの漢字が持つ意味を組み合わせたもの。

漢字の成り立ちには、四つの種類があるよ。

2 次の漢字の成り立ちをあとから一つ選び、記号で答えましょう。一つ5点（20点）

① 三（　　）　② 休（　　）
③ 雨（　　）　④ 草（　　）

ア 形声文字（けいせいもじ）　**イ** 象形文字（しょうけいもじ）
ウ 会意文字（かいいもじ）　**エ** 指事文字（しじもじ）

3 次の漢字と成り立ちが同じ漢字を□から一つ選び、漢字で答えましょう。一つ5点（20点）

① 象（　　）
② 中（　　）
③ 明（　　）
④ 洋（　　）

上　岩　際　火

まずは、漢字をよく観察してみよう！

4 次の漢字の組み合わせで、成り立ちがほかとことなるものを一つ選び、漢字で答えましょう。一つ10点（40点）

① （男　泣　上　労）（　　）
② （門　耳　糸　本）（　　）
③ （末　下　二　持）（　　）
④ （鳴　草　星　停）（　　）

国語

1 五年生の漢字①

国語

月　日

点

答え 別さつ12ページ

1 次の——線の漢字の読みを（　）に書きましょう。 一つ5点（40点）

① 大切な仕事を<u>任</u>せる。（　　）

② 自分の気持ちを<u>表現</u>する。（　　）

③ 実際（じっさい）のきょりを<u>測</u>る。（　　）

④ ハムスターを<u>飼</u>う。（　　）

⑤ 結末が<u>印象</u>的なドラマだった。（　　）

⑥ むずかしいテストに<u>合格</u>する。（　　）

⑦ しぐさから<u>感情</u>を読み取る。（　　）

⑧ 動物について<u>調査</u>する。（　　）

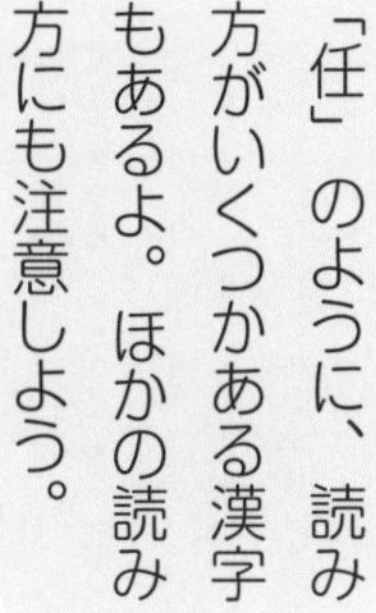

「任」のように、読み方がいくつかある漢字もあるよ。ほかの読み方にも注意しよう。

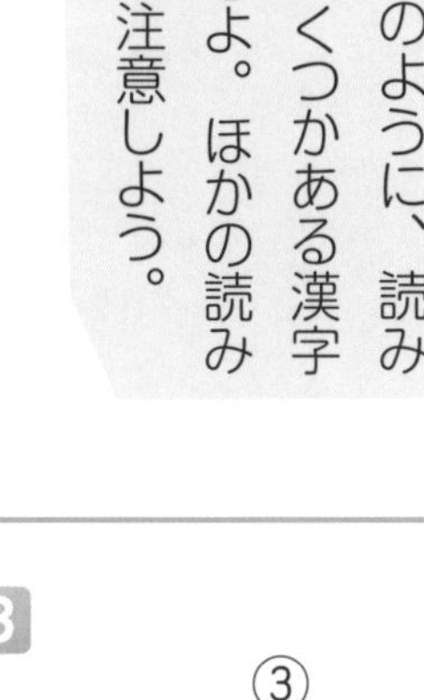

2 次の□に漢字を書きましょう。 一つ6点（30点）

① □□（うんが）を船で□□（いどう）する。

② □□（きんぞく）の板を□□（せつごう）する。

③ 新しい□□（ぎじゅつ）を開発する。

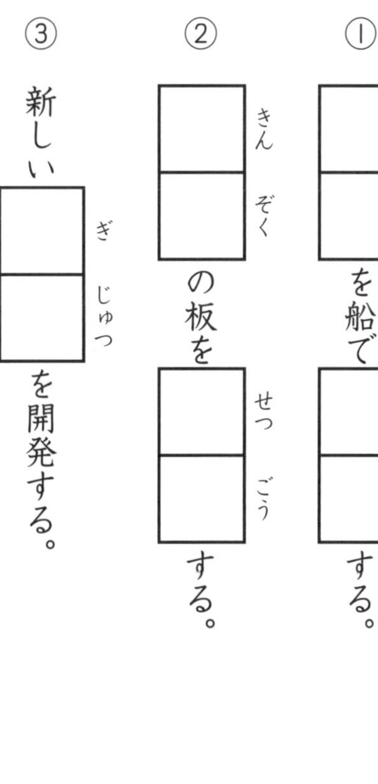

3 次の——線の言葉を、漢字と送りがなで書きましょう。 一つ6点（30点）

① 災害（さいがい）を<u>ふせぐ</u>。（　　）

② 雪に<u>そなえる</u>。（　　）

③ 青信号を<u>たしかめる</u>。（　　）

④ <u>やさしい</u>問題を出す。（　　）

⑤ 紙を<u>やぶる</u>。（　　）

チャ太郎ドリル　夏休み編

小学5年生

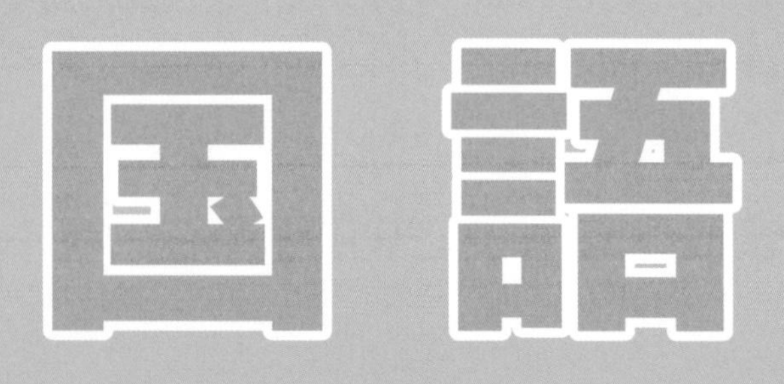

初版
第1刷　2020年7月1日　発行

●編 者
数研出版編集部
●表紙デザイン
株式会社クラップス

発行者　星野 泰也

ISBN978-4-410-13756-3

チャ太郎ドリル 夏休み編 小学5年生

発行所　数研出版株式会社
〒101-0052 東京都千代田区神田小川町2丁目3番地3
〔振替〕00140-4-118431
〒604-0861 京都市中京区烏丸通竹屋町上る大倉町205番地
〔電話〕代表 (075)231-0161
ホームページ　https://www.chart.co.jp
印刷　創栄図書印刷株式会社
乱丁本・落丁本はお取り替えいたします　200601

本書の一部または全部を許可なく複写・複製することおよび本書の解説・解答書を無断で作成することを禁じます。

チャ太郎ドリル　夏休み編　小学五年生

国語

もくじ

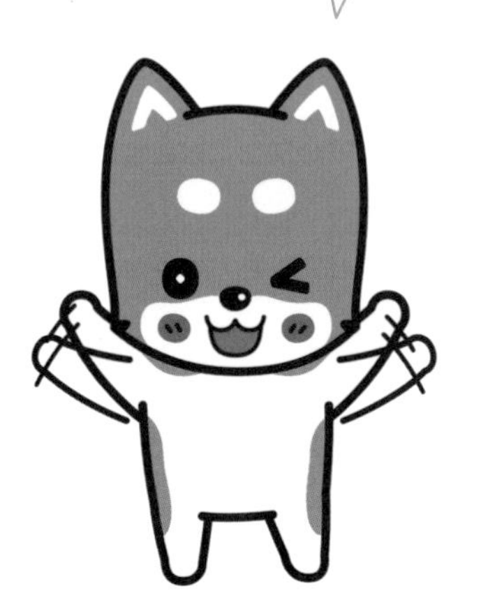

算数と英語は、反対側のページからはじまるよ！

1 整数と小数 2ページ

1 ① 2，4，6
② 9，0，2，8

2 ① 63個 ② 1009個

3 ① 10倍 ② 1000倍
③ $\frac{1}{10}$ ④ $\frac{1}{100}$

4 ① 7.632 ② 2.763

5 ① 61.3 ② 134
③ 1290 ④ 57.32
⑤ 0.0825 ⑥ 0.0474

かんがえかた

4② 3に近い数は，2.763と3.267が考えられます。このうち，3との差が小さい方が，3にいちばん近い数です。

2 体積① 3ページ

1 ① $343cm^3$
② $24000cm^3$

2 $15cm^3$

3 ① $432cm^3$ ② $480cm^3$
③ $576cm^3$ ④ $740cm^3$

かんがえかた

1①(立方体の体積)=(1辺)×(1辺)×(1辺)です。
②(直方体の体積)=(たて)×(横)×(高さ)です。

2展開図(てんかいず)を組み立てると直方体になります。

3①大きい直方体から小さい直方体を取りのぞく方法で考えます。
$8\times12\times6-8\times6\times3=432(cm^3)$
③2つの直方体を組み合わせる方法で考えます。
$8\times10\times6+8\times3\times4=576(cm^3)$

3 体積②

1 ① $24m^3$ ② $72000cm^3$

2 ① 1000 ② 100
③ 1000000

3 $13500cm^3$

4 3cm

かんがえかた

1② 1mを100cmに直して体積を求めます。

3板の厚(あつ)さ分だけ内のりは小さくなるので，内のりのたて，横，深さはそれぞれ45cm，30cm，10cmになります。

4(直方体の体積)＝(たて)×(横)×(高さ)なので，高さを□とすると，
162＝6×9×□より，
□＝162÷6÷9＝3(cm)

4 比例(ひれい)

1 ①

高さ(cm)	1	2	3	4	5	6	7	8	9
体積(cm^3)	12	24	36	48	60	72	84	96	108

② ア 2 イ 3

2 ① $195cm^3$ ② 20cm

かんがえかた

1①高さが1cm増(ふ)えると，体積は$12cm^3$増(ふ)えることから考えます。

2②ある直方体の体積は高さに比例(ひれい)しています。高さが1cmのときと比(くら)べると，体積が300÷15＝20(倍)になっているので，高さも20倍になります。

5 小数のかけ算① 6ページ

1 ① 1216.6 ② 1216.6
③ 121.66 ④ 1.2166

2 ① 7.03 ② 276.08

3 ① 15.408 ② 45.445
③ 40.606 ④ 66.795
⑤ 259.2 ⑥ 6103.7

かんがえかた

1 積の小数点は，かけられる数とかける数の小数点から右にあるけたの数の和だけ，右から数えてうちます。

3 小数点がないものとして計算したあとに，小数点をうちます。

6 小数のかけ算② 7ページ

1 ① 2.21 ② 7.41
③ 1.2 ④ 0.0378
⑤ 0.0122 ⑥ 0.0286
⑦ 0.3182 ⑧ 0.0553

2 ㋐，㋓

かんがえかた

1 ①～③小数点より右の終わりの0は不要なので，消します。
④～⑧積が1より小さくなるときは，0をつけたします。

2 かける数が1よりも小さいとき，積はかけられる数よりも小さくなります。

7 小数のかけ算③ 8ページ

1 ① 21.83cm^2 ② 20.88cm^2
③ 10.75cm^2 ④ 17.82cm^2

2 ① 45.88cm^3 ② 1.512m^3

3 [式] 34.7×2.3=79.81
[答え] 79.81kg

かんがえかた

1 (長方形の面積)＝(たて)×(横)です。

2 (直方体の体積)＝(たて)×(横)×(高さ)です。

3 もとにする大きさである，まさとさんの体重の2.3倍なので，かけ算を使います。

8 小数のかけ算④ 9ページ

1 ① 87 ② 19

2 ① 0.7，75，0.7，300，2.8，302.8
② 0.1，30，0.1，210，0.7，209.3

3 ① [式] 10÷8=1.25
[答え] 1.25倍
② [式] 8÷10=0.8
[答え] 0.8倍
③ [式] 8×2.5=20
[答え] 20m

かんがえかた

1 ① 8.7×(4×2.5)＝8.7×10＝87
② 1.6×3.8＋3.4×3.8＝(1.6+3.4)×3.8

2 ①かけられる数を整数と小数に分けて考えます。
②かけられる数が30に近いので，30とその差に分けて計算します。

3 ③もとにする大きさである，白色のリボンの長さの2.5倍なので，かけ算を使います。

9 小数のわり算① 10ページ

1 10, 10, 112, 7

2 ① 26 ② 2.6
③ 2.6 ④ 0.26

3 ① 1.2 ② 2.3 ③ 1.5
④ 1.7 ⑤ 7.2 ⑥ 4.2

かんがえかた

1 わる数とわられる数に同じ数をかけて，わる数を整数にしてから計算します。

2 わる数とわられる数に同じ数をかけて，わる数を整数にした式と，もとにする式を比(くら)べます。

3 わる数とわられる数の小数点を同じだけ移(うつ)し，わる数を整数にします。商の小数点は，わられる数の右に移(うつ)した小数点にそろえてうちます。

10 小数のわり算② 11ページ

1 ① 0.7 ② 0.9
③ 0.75 ④ 0.425
⑤ 0.25 ⑥ 2.4
⑦ 72 ⑧ 9.6 ⑨ 1.2

2 ㋐，㋒

かんがえかた

2 わる数が1よりも大きいとき，商はわられる数よりも小さくなります。

11 小数のわり算③ 12ページ

1 ① 1.7 ② 2.2 ③ 5.6
④ 1.2 ⑤ 4.3 ⑥ 6.9

2 ① 4あまり2.9
② 6あまり0.09

3 [式] 5÷0.6=8あまり0.2
[答え] 8本，0.2L

かんがえかた

1 $\frac{1}{100}$の位まで計算し，$\frac{1}{100}$の位を四捨五入(ししゃごにゅう)します。

2 あまりの小数点は，わられる数のもとの小数点にそろえてうちます。

3 同じ分量ずつ分けるので，わり算を使います。あまりの小数点の位置に注意します。

12 小数のわり算④ 13ページ

1 [式] 3.6÷2.4=1.5
[答え] 1.5倍

2 [式] 16.8÷0.7=24
[答え] 24km^2

3 ① [式] 105÷75=1.4
[答え] 1.4倍
② [式] 390÷300=1.3
[答え] 1.3倍
③ ハンバーガー

かんがえかた

2 もとにする大きさを□として式を書いて考えます。
16.8÷□=0.7より，
□=16.8÷0.7=24

3 ①② 2000年のねだんを1としたとき，2015年のねだんがいくらになるかを調べます。

13 合同な図形①　14ページ

1 ㋐と㋙，㋑と㋘，㋓と㋕

2 ① 辺GH，角E

② 3.5cm，80°

3 ㋠

かんがえかた

1 辺の長さや角度を比べて，すべてが同じ図形の組み合わせをさがします。うら返して同じになる図形も合同であるといいます。

2 ①頂点A，B，C，Dに対応する頂点はそれぞれ頂点G，H，E，Fになります。

②辺FGに対応する辺は辺DA，角Fに対応する角は角Dになります。

3 正方形，長方形，平行四辺形，ひし形は，1本の対角線で分けたとき，できた2つの三角形が合同になります。

14 合同な図形②　15ページ

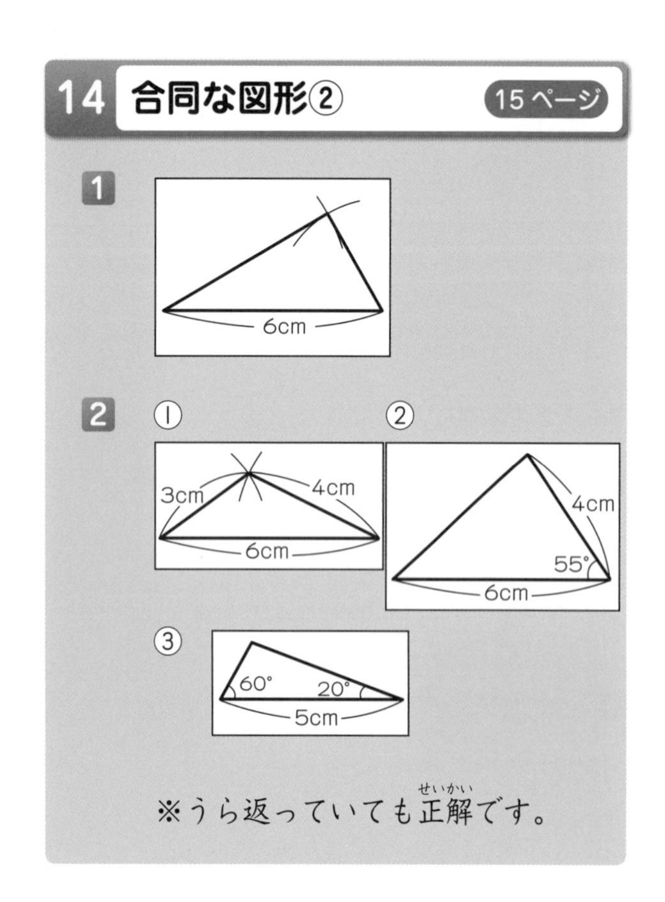

※うら返っていても正解です。

かんがえかた

1 6cmの辺をかいたあと，両はしの頂点からそれぞれコンパスを使って長さをとり，残りの頂点を決めます。

2 ① 6cmの辺をかいたあと，両はしの頂点からそれぞれコンパスを使って長さをとり，残りの頂点を決めます。

② 6cmの辺をかいたあと，片方の頂点から分度器で角度をはかって，4cmの直線をひき，残りの頂点を決めます。

③ 5cmの辺をかいたあと，両はしの頂点からそれぞれ分度器で角度をはかって直線をひき，もう1つの頂点を決めます。

15 まとめ問題①　16ページ

1 ① 7，2，6，1

② 4，7，0，2

2 ① 326　② 431

③ 0.872　④ 0.973

3 $375cm^3$

4 2m

かんがえかた

2 小数や整数を100倍，1000倍すると小数点は右に2つ，3つ移ります。また，$\frac{1}{10}$，$\frac{1}{100}$にすると，小数点は左に1つ，2つ移ります。

3 大きい直方体から小さい直方体をひく方法で考えます。

$15 \times 10 \times 3 - 5 \times 5 \times 3 = 375(cm^3)$

4 $1L = 0.001m^3$なので，$18000L = 18m^3$となります。

また，(直方体の体積)＝(たて)×(横)×(高さ)から考えます。

16 まとめ問題② 17ページ

1 ① 540円 ② 21m

2 ① 19.312 ② 2154.6

③ 0.8004

3 ① 4.3 ② 0.09

③ 6.9

かんがえかた

1①代金は長さに比例(ひれい)しているので，長さが12倍になると，代金も12倍になります。

②長さが1mのときと比(くら)べると，代金が945÷45=21(倍)になっているので，長さも21倍になります。

17 まとめ問題③ 18ページ

1 ① 655 ② 69

2 ① 8あまり2.1

② 4あまり3.7

3 820g

4 ① 2.9cm ② 100°

かんがえかた

1① 65.5×(2.5×4)=65.5×10=655

② 7.6×6.9+2.4×6.9=(7.6+2.4)×6.9

3もとにする大きさを□として式を書いて考えます。

□×2.1=1722より，

□=1722÷2.1=820

4頂点(ちょうてん)A，B，C，Dに対応する頂点(ちょうてん)はそれぞれ頂点(ちょうてん)E，H，G，Fになります。

1 Nice to meet you. 20ページ

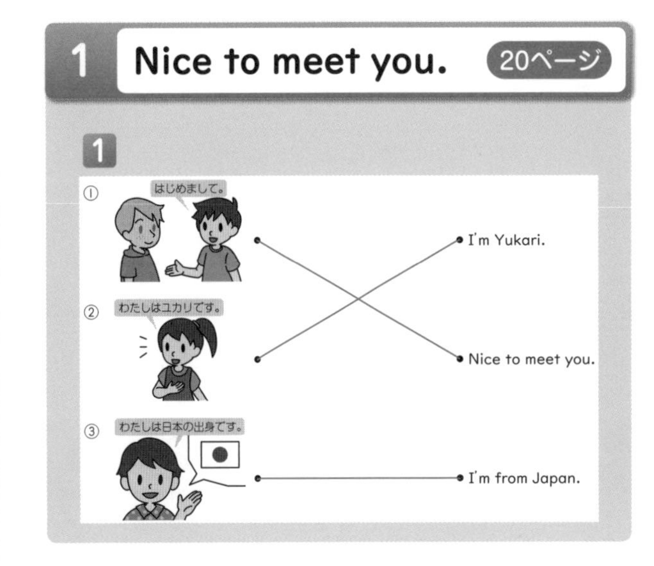

かんがえかた

1①「はじめまして。」はNice to meet you.で表します。

②「わたしは～です。」はI'm ～.で表します。

③「わたしは～の出身です。」はI'm from ～.で表します。

2 How do you spell your name? 21ページ

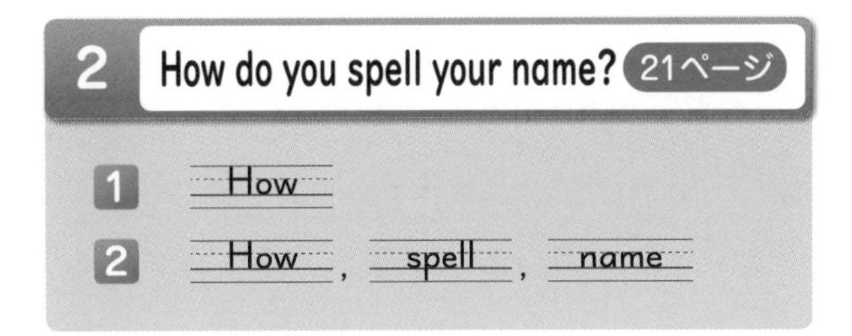

かんがえかた

「あなたの名前はどのようにつづりますか。」はHow do you spell your name?で表します。

3 What sport do you like? 22ページ

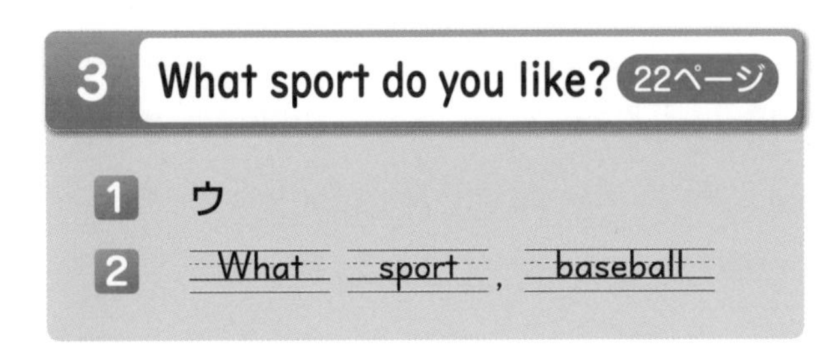

かんがえかた

1What sport do you like?は「あなたは何

のスポーツが好きですか。」という意味です。「わたしは～が好きです。」を表す I like ～．で答えましょう。

2「何のスポーツが好きですか。」は What sport do you like? で表します。「野球」は baseball で表します。

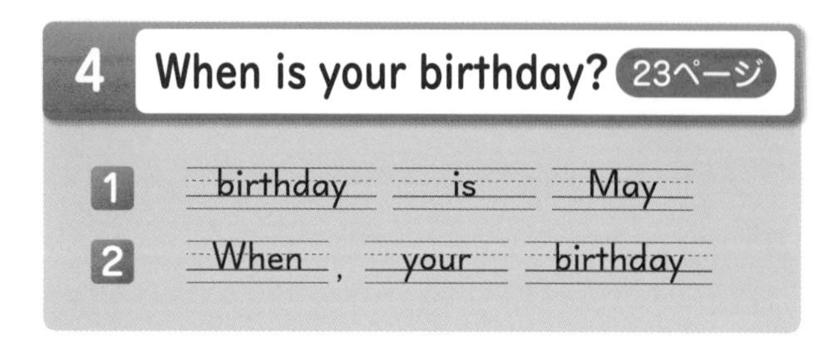

かんがえかた

1 質問(しつもん)の When is your birthday? は「あなたのたん生日はいつですか。」という意味です。「わたしのたん生日は～です。」を表す My birthday is ～．で答えましょう。「5月」は May で表します。月を表す英語は大文字から始まることに注意しましょう。「6日」は 6th と表します。

2「あなたのたん生日はいつですか。」は When is your birthday? で表します。

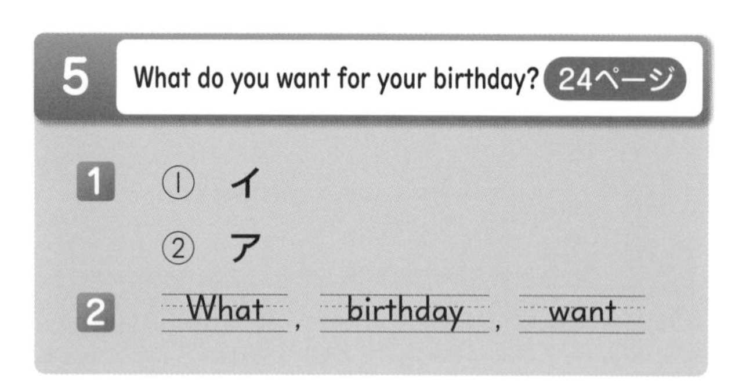

かんがえかた

1 質問(しつもん)の What do you want for your birthday? は「あなたはたん生日に何がほしいですか。」という意味です。book は「本」，bag は「かばん」，cap は「ぼうし」という意味です。

2「たん生日に何がほしいですか。」は What do you want for your birthday? で表します。「わたしは～がほしいです。」は I want ～．で表します。

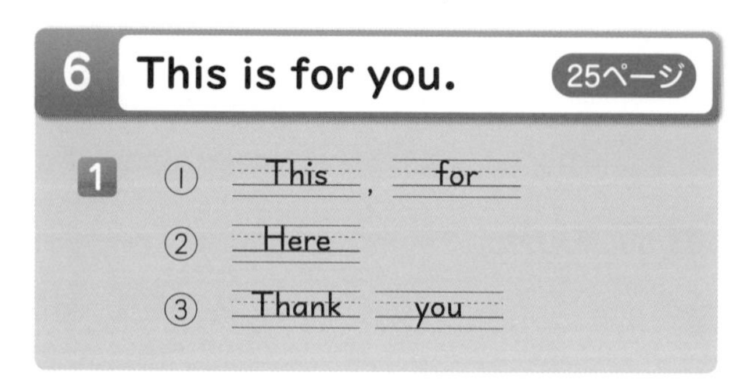

かんがえかた

1 ①「これをあなたにあげます。」は This is for you. で表します。

②「はい，どうぞ。」は Here you are. で表します。

③「ありがとうございます。」は Thank you. で表します。

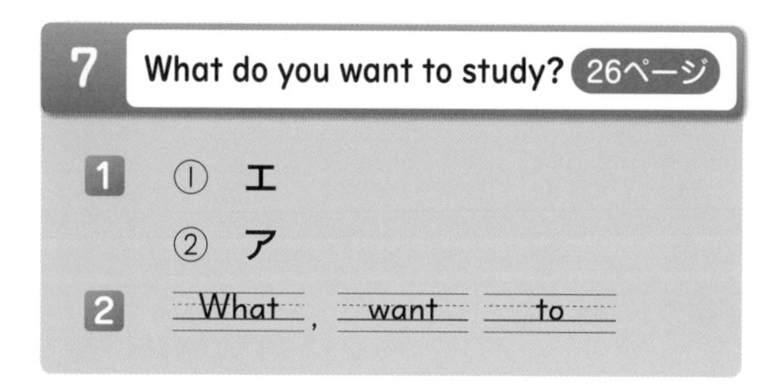

かんがえかた

1 I want to study ～．は「わたしは～を勉強したいです。」という意味です。

① Japanese は「国語」という意味です。

② science は「理科」という意味です。

2「あなたは何を勉強したいですか。」は What do you want to study? で表します。

8 What do you have on Thursday? 27ページ

1 ウ

2 What , have science

かんがえかた

1 What do you have on Thursday? は「木曜日に何がありますか。」という意味です。English は「英語」, music は「音楽」, math は「算数」という意味です。

2「～(曜日)に何がありますか。」は What do you have on ～？で表します。「～があります。」はI have ～. で,「理科」は science で表します。

9 まとめ問題① 28ページ

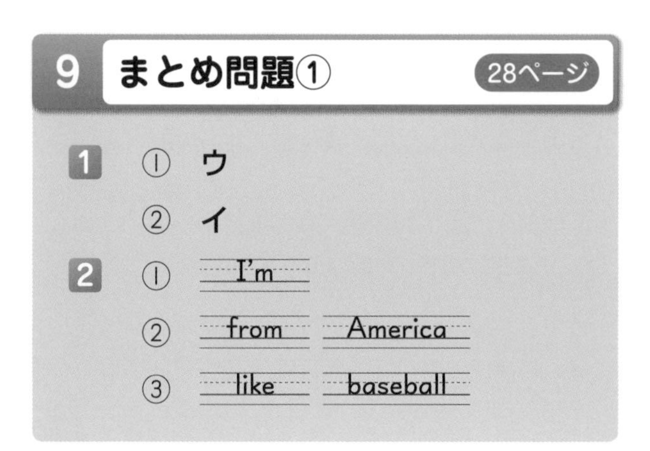

1 ① ウ
② イ

2 ① I'm
② from America
③ like baseball

かんがえかた

1 ①「はじめまして。」とあいさつをしている場面です。ウ Nice to meet you. I'm Mary.「はじめまして。わたしはメアリーです。」を選びます。

②名前のつづりをたずねている場面です。イ How do you spell your name? — M-A-R-Y. Mary.「あなたの名前はどのようにつづりますか。」—「M-A-R-Y。メアリーです。」を選びます。

2 ①「わたしは～です。」はI'm ～. で表します。

②「わたしは～の出身です。」はI'm from ～. で,「アメリカ」はAmerica で表します。

③「わたしは～が好きです。」はI like ～. で,「野球」は baseball で表します。

10 まとめ問題② 29ページ

1

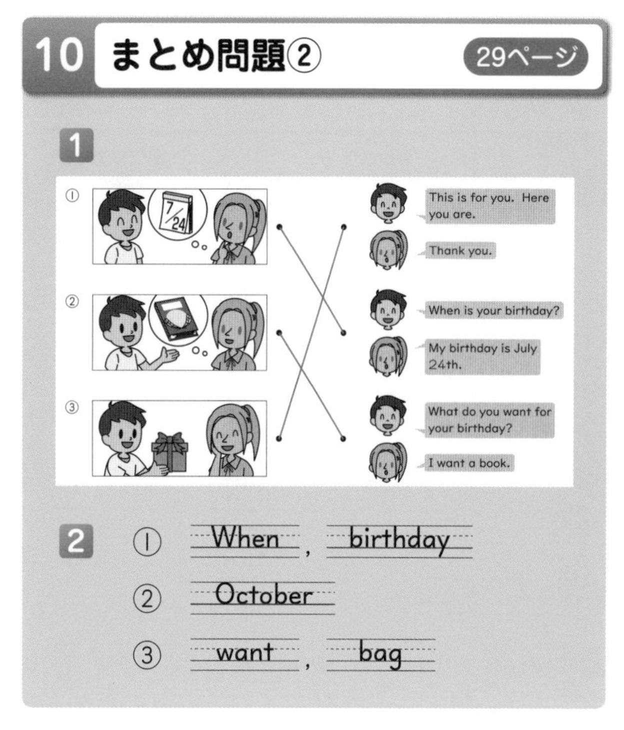

2 ① When , birthday
② October
③ want , bag

かんがえかた

1 ①たん生日をたずねている場面です。When is your birthday? — My birthday is July 24th.「あなたのたん生日はいつですか。」—「わたしのたん生日は7月24日です。」を選びます。

②たん生日にほしいものをたずねている場面です。What do you want for your birthday? — I want a book.「あなたはたん生日に何がほしいですか。」—「わたしは本がほしいです。」を選びます。

③たん生日プレゼントをわたしている場面です。This is for you. Here you are. — Thank you.「これをあなたにあげます。はい，どうぞ。」—「ありがとうございます。」を選びます。

2 ①「あなたのたん生日はいつですか。」は

When is your birthday? で表します。

②「１０月」は October で表します。「３日」は 3rd と表します。

③「わたしは～がほしいです。」は I want ～. で表します。「かばん」は bag で表します。

11 まとめ問題③ 30ページ

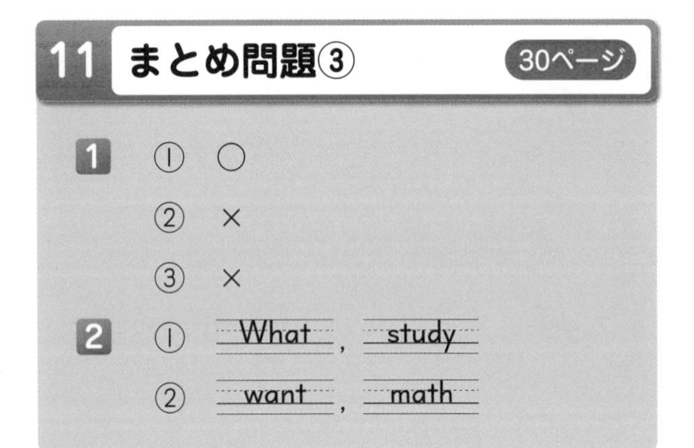

かんがえかた

1 I have ～ on …. は「…曜日には～があります。」という意味です。

① Japanese は「国語」, Monday は「月曜日」という意味です。

② social studies は「社会」, Tuesday は「火曜日」という意味です。

③ P.E. は「体育」, Friday は「金曜日」という意味です。

2 ①「あなたは何を勉強したいですか。」は What do you want to study? で表します。

②「わたしは～を勉強したいです。」は I want to study ～. で,「算数」は math で表します。

17 詩を読む② 31ページ

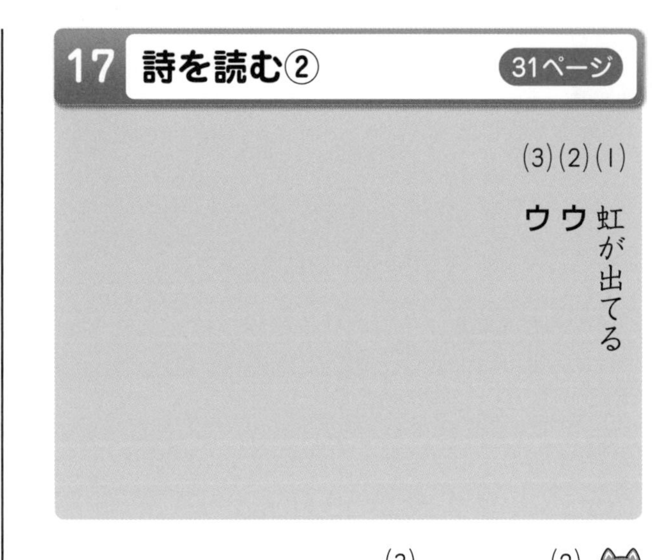

かんがえかた

(2)「空に」と「虹のようなものが出ないかな」を入れかえて、強調しています。

(3)作者は、「金もうけしようなんて　だれも考えない」くらい美しいものに出会いたいと思っているのです。

13 説明文を読む③

35ページ

(1) 上手にコントロール
(2) 「聞き上手」になること
(3) エ

かんがえかた

(1) 「言葉の変化に敏感（びんかん）な人は、人との距離感も上手にコントロールできる」と書かれています。
(2) 「ポイントの一つは」という言葉に注目しましょう。
(3) 文章の最後に筆者の最も言いたいことが書かれています。

14 古文を読む

34ページ

(1) ① いらっしゃった
③ 不自由な思い
(2) （備中守）さねたか
(3) ウ

かんがえかた

(2) 現代語訳（げんだいごやく）とよく照らし合わせながら読んでみましょう。
(3) 「さねたか」は、「数の宝（たから）」を持ち、「のどけき空」をながめて暮（く）らしていたのです。

15 物語文を読む④

33ページ

(1) 外に遊びに
(2) ① 遊ぶ約束
② 探し
(3) ア

かんがえかた

(1) ――線①の前から読み取りましょう。「外に遊びに行ったきり、帰ってこない」があてはまります。
(2) 「探してもらいたがっている」ことがわかったので、「そんな言葉」を口にしているのです。
(3) 「失望したような顔が、一郎の目に焼きついていた」のはなぜなのかを考えましょう。

16 説明文を読む④

32ページ

(1) 農地や家
(2) ① 栄養分
② 水や空気
③ 生きていくこと

かんがえかた

(1) 第三だん落の内容（ないよう）を読み取りましょう。
(2) 最後のだん落の内容（ないよう）をおさえましょう。砂地（すなち）の特ちょうと、クロマツがなぜ砂地（すなち）で生きていくことができるのかが書かれています。

9 説明文を読む②　39ページ

(1) 空を飛ぶこと
(2) ① 軽く
② フリッパー
(3) **ウ**

かんがえかた

(1) 最後から二〜三行目の「空を飛ぶことと引きかえに」を手がかりにします。
(2) 第四だん落を中心に読み取ります。
(3) 第三だん落に「もともと海にもぐって魚をつかまえて食べていた鳥」と書かれています。

10 俳句を読む　38ページ

(1) A季語…雪とける
季節…春
B季語…雪
季節…冬
C季語…秋の風
季節…秋
D季語…むめ（うめ）
季節…春
E季語…五月雨
季節…夏
(2) **ウ**
(3) A **イ**　B **エ**
C **ア**　D **ウ**

かんがえかた

(1) C「秋の風」は、「秋風」とも言います。
E「五月雨」は、梅雨のころにふり続く雨のことです。
(2)「秋の風」という言葉で終わっています。
(3) 俳句と**ア**〜**エ**の内容をよく読み比べましょう。

11 同音異義語・同訓異字　37ページ

1 ① **イ**　② **ア**
③ **イ**　④ **ア**
2 ① 観光・機会
② 感心
3 ① **イ**　② **ア**
③ **イ**　④ **イ**
4 ① 挙げる
② 速い
③ 始める

かんがえかた

2 同じ読みの言葉とまちがえないよう、文をしっかりと読みましょう。
3 ④「心に留める」はわすれないようにすることです。
4「挙手」「開始」など、熟語で考えるとわかりやすくなります。

12 物語文を読む③　36ページ

(1) **ウ**
(2) **イ**
(3) 無理やり笑った

かんがえかた

(1)「でも、裕太から来なかったらムカつくよな」とあることから、裕太に書くつもりで余らせておいたことがわかります。
(2)「かまわずすれ違おうとした」が、香奈に裕太の転校の話を聞き、「マジ？」とその話を気にしていることをとらえましょう。

国語

5 詩を読む① 43ページ

(1) 四（連）
(2) ウ
(3) ヨット
(4) イ

かんがえかた

(2) 風が、人と同じく感情があるように書かれています。
(3) 海を人生に、ヨットを自分に見立てています。
(4) 「逆向きの　強い風」も「行きたい方向の　力に変える」ことができると書かれています。

6 五年生の漢字② 42ページ

1 ① ゆる ② おうふく ③ ほうこく ④ かま ⑤ さんそ ⑥ ささ ⑦ ゆうかん ⑧ しょうひん

2 ① 検定・興味 ② 適切・修正 ③ 停車

3 ① 述べる ② 応える ③ 設ける ④ 混ぜる ⑤ 留める

かんがえかた

1 ①「許」には「キョ」という読み方もあります。
2 ①「興」には「コウ」という読み方もあります。
3 ②要求に応じるという意味です。「答える」とまちがえないようにしましょう。

7 和語・漢語・外来語 41ページ

1 ① イ ② ア ③ ウ

2 ① イ ② イ ③ ウ ④ ア

3 ① オ ② ウ ③ イ ④ エ ⑤ ア

4 ① ア・エ ② ウ ③ イ

かんがえかた

1 訓読みか音読みかで、和語か漢語かを区別しましょう。
2 ②「肉」は音読みで「ニク」と読むので漢語です。
4 ①「あす（明日）」は、音読みの「ミョウニチ」だと漢語になります。

8 物語文を読む② 40ページ

(1) トランペット
(2) イ

かんがえかた

(1) ――線①のあとに「もし、何か別の事情で始めていたら……」と、広記のトランペットに対する思いが書かれていることから読み取ります。
(2) ――線②の「えっ！」やそのあとの様子から、おどろき喜んでいることが読み取れます。

1 五年生の漢字① 47ページ

1 ①まか ②ひょうげん ③はか ④か ⑤いんしょう ⑥ごうかく ⑦かんじょう ⑧ちょうさ

2 ①運河・移動 ②金属・接合 ③技術

3 ①防ぐ ②備える ③確かめる ④易しい ⑤破る

かんがえかた

1 ⑤「象」には、「ショウ」以外に「ゾウ」という音読みがあります。

2 ①「河」の訓読みは「かわ」です。

3 ③「確かめる」の送りがなはまちがえやすいので注意しましょう。

2 漢字の成り立ち 46ページ

1 ①イ ②ウ ③エ ④ア

2 ①エ ②ウ ③イ ④ア

3 ①火 ②上 ③岩 ④際

4 ①上 ②本 ③持 ④鳴

かんがえかた

3 ①象形文字、②指事文字、③会意文字、④形声文字です。

4 ①「上」は指事文字、他は会意文字です。

②「本」は指事文字、他は象形文字です。

③「持」は形声文字、他は指事文字です。

④「鳴」は会意文字、他は形声文字です。

3 物語文を読む① 45ページ

(1) イ

(2) イ

(3) あわててト

かんがえかた

(2)「昨日のおかゆはうまくいったのに、」、今日の鍋焼きうどんは汁をふきこぼしてしまい、「残念」な気持ちになっています。

(3)——線のあと、涙をパパに見られないように、トイレにかけこむ「あたし」の様子が書かれています。

4 説明文を読む① 44ページ

(1) ①歴史に関心をもつ ②学びつづける努力

(2) ウ

かんがえかた

(1) ①第三だん落に書かれています。

②第四だん落に書かれています。

(2) 最後から三つ目のだん落に「学ぶこと……一生必要なことなのです」と書かれています。